ecological engineering

|新版|
生態工学

亀山　章 [監修]
倉本　宣・佐伯 いく代 [編]

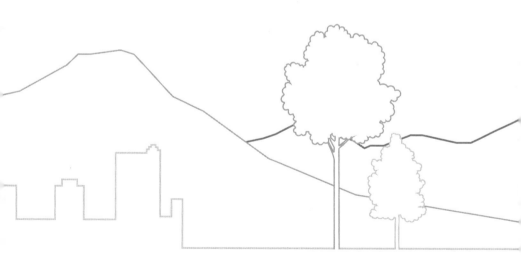

朝倉書店

監修者

亀山　章
かめ　やま　あきら
東京農工大学名誉教授
（公財）日本自然保護協会理事長

編集者

倉本　宣
くら　もと　のぼる
明治大学農学部

佐伯いく代
さ　えき　よ
筑波大学生命環境系

執筆者

大窪久美子
おおくぼ　く　み　こ
信州大学農学部　（10章）

大澤啓志
おお　さわ　さと　し
日本大学生物資源科学部　（6章）

倉本　宣
くら　もと　のぼる
明治大学農学部　（12章）

小林達明
こ　ばやし　たつ　あき
千葉大学大学院園芸学研究院　（1章）

佐伯いく代
さ　えき　よ
筑波大学生命環境系　（2章）

園田陽一
その　だ　よう　いち
株式会社　地域環境計画　（7章）
明治大学大学院・桐生大学　非常勤講師

中尾史郎
なか　お　し　ろう
京都府立大学大学院生命環境科学研究科　（3章）

日置佳之
ひ　おき　よし　ゆき
鳥取大学農学部　（8章）

藤原宣夫
ふじ　わら　のぶ　お
大阪公立大学大学院農学研究科　（4章）

八色宏昌
や　いろ　ひろ　まさ
景域計画株式会社　（9章）
東北芸術工科大学・芝浦工業大学　非常勤講師

山田　晋
やま　だ　すすむ
東京農業大学農学部　（5章）

若生謙二
わ　こう　けん　じ
大阪芸術大学芸術学部　（11章）

（五十音順）

序

　前著『生態工学』が今世紀のはじめの 2002 年に刊行されてから，およそ 20 年の歳月が経過した．生態工学は生きものとの共存をめざして人と自然の健全な関係を構築することを目的とした新しい学問分野であり，前著はそのさきがけとなる最初のものであった．生態工学は生物多様性の保全を大きな目標として掲げており，特に市民生活と直結している身のまわりの自然や生きものを扱うところに特徴がある．前著を世に出してからのこの間の 20 年における生態工学の進化は著しいものである．前著は新しい学問の啓発と普及を目的として入門のための平易な教科書として編集したものであったが，本書は専門分野の教科書として，内容をより深く掘り下げたものである．

　前著では生態工学の基礎的部分の章を多くしたが，本書は基礎的部分には章を減らしている．しかし，専門的な記述は深めており，生きものの調査と情報の分析・評価の章では新たな手法を解説している．一方で，応用的な部分については，生きものや生態系へのインパクトを軽減するためのミティゲーションの技術についての章を設け，環境ポテンシャルの評価については調査・評価手法を事例的に詳しく述べている．さらに，システムの計画と設計については，システムの管理・運営の章を付加することで充実させている．出会いの場での生きものと人の関係では，野生動物の観察と動物園での展示技術との関係について事例をもとに解説している．

　今世紀に入ってから，わが国では生物多様性基本法が制定され，それに基づいて生物多様性国家戦略が数次にわたって策定され，全国の都道府県・市区町村においても生物多様性地域戦略が策定されるなど行政の取り組みが積み重ねられてきている．また，学術の分野でも学会誌などの研究論文も数多く発表され，その成果は絶滅危惧種の保全や生物多様性緑化などの技術書にもまとめられている．これらは社会的な制度の充実と学術の進歩として喜ぶべきことである．

　しかし一方では，生物多様性の保全にはより大きなインパクトが迫っている．海洋資源のさらなる略奪や汚染，防潮堤などの巨大工作物の建設，里地・里山や奥地林の管理不足，外来生物の侵入，地球温暖化の進行などはとどまることがない．それに加えて，災害の発生は顕著であり，予測の不可能な大地震の発生や地球温暖化による異常気象がもたらす豪雨による土砂災害と洪水被害など，近年，未経験であった多くの事態に直面している．

　特に2019年末にはじまる新型コロナウイルスによるパンデミックは，奥地の自然の開発によってもたらされたものとされており，ウィズコロナ，アフターコロナの時代における人と自然の関係のありかたに大きな危惧がもたれている．そのなかで，身近な自然への回帰は，人と自然の新たな関係を模索する方向として注目されることである．

　近代科学がもたらしてきたものは，たとえば薬学は単純な化学式で医薬や農薬をつくり，電子や機械や建設の工学は単純な物理の原理でさまざまなシステムの製品をつくりだす．それに対して生きものや生態系は，その複雑なシステムが未解明な部分を限りなく大きく有していることから，経験的な技術の延長で扱われることが多い．ここには，人がつくりだす単純なシステムと自然がつくりだす複雑なシステムとの間の戦いがあり，人を味方につけた単純なシステムは常に有利な状態におかれている．経験技術的な状態から抜け出ることができない複雑なシステムは，人を味方につけなければ壊され続けるであろう．生態工学はこの複雑なシステムに寄り添って，その保全に役立とうとする試みなのである．

　近年，グリーンインフラ，EcoDRR，SDGsなど生きものや生態系を保全する施策やそれに関わる構想が数多く発出されており，その一翼を担う生態工学への期待がより大きなものとなっている．

　本書の刊行にあたり，コロナ禍の不自由な環境のなかで編集にご尽力いただいた朝倉書店の皆様には心から深く感謝いたします．

　2021年7月

亀山　章

目　　　次

第1章
生態工学の目的と方法

1.1　生態工学の意義

　最も気温上昇するシナリオでは，今後1世紀に約5℃世界平均地上気温が上昇することになる（国連気候変動に関する政府間パネル（Intergovernmental Panel on Climate Change：IPCC）2013の第5次報告書）．これは，現在の気候帯がそっくり入れかわるような気候変化が今後1世紀の間に起こることを示している．また，国連の世界都市人口予測によると，1950年には世界の30％だった都市人口が，2018年には55％に増加しており，2050年には68％に達すると予測されている．すなわち，地球環境の維持のためには，都市の役割が大きくなっており，都市をいかに持続可能な姿に変えていけるかが世界共通の課題となっている．

　経済成長が低成長期に入ったわが国の社会では，競争と淘汰が正当化され，人の孤立化が著しく進んだ．強い不安，悩み，ストレスがある社会の中で，人の身体性や精神性に対する自然の治癒力が明らかになっている．私たちは山に登ると野生の活力がみなぎる感覚がある．野生動物と出会うと，なんともいえない感動をおぼえる．こうした関係を再生させることは，ヒトが本来もっていた感性や社会関係能力を育む契機を提供すると思われる．

　ほんものの自然をめざして，自然保護や自然再生が社会の課題になっている．環境を持続し，未来の可能性を担保するために，人間と自然の調和のとれた地域づくりが要請されている．さらに，近年の自然災害の増加，少子高齢化社会の到来，社会資本の老朽化によって，従来の考え方では，インフラが維持できなくなることが危惧されている．自然環境が有する自律的・回復可能な機能を社会における様々な課題解決に活用しようというグリーンインフラストラクチ

ャーの考え方が唱えられている.

1.2　求められる視点

　生態工学 (ecological engineering) は,「人間社会と自然環境を双方の利益のために統合する持続可能な生態系のデザイン」といわれる (1993 Workshop on Ecological Engineering, 1993).　また,その目標は,「環境汚染や土地の撹乱のような人間活動によって物質的に乱された生態系の再生」,「人間的かつ生態的価値を有す新しい持続可能な生態系の発達」(Mitch, 1993) とされている.　加えて,本書の旧版 (『生態工学』,2002) で提起された「生きものや生態系のシステムと,人間生活が必要とする建設事業などに関する技術のシステムを調整して,新たなシステムを構築するもの」という具体的な定義をこの新版でも掲げておく.

　生態系と人工系の両システムを共存させることは決して簡単なことではない.　工学は,自然を人が都合よく利用するように発達してきた.　基本原理は要素還元主義であり,複雑なシステムを廃し,再現性の高い物理的な見方で現象を捉えることにある.　システムは簡潔性を旨としている.　一方,生態学は,多様な自然をまるのままとらえようとし,複雑なシステムのパターンを読み取り,それをどう管理し,また適応できるか考える.　その際,人を自然の一要素と考え,人間万能主義をとらない.　生態工学は,そうした水と油の関係にある生態系と人工系に対して,工学に生態学のアイディアを加え,生態学に工学的な技術を加えて,ともに改良し,両方の系の並存を目指そうという考え方である.

　生態工学技術の要点は,生態系の循環とレジリエンスおよび生物多様性であり,そのうえでの撹乱体制の維持あるいは管理である.　生態系の循環的な性質を取り戻すことは物質的に乱された生態系の再生のために必要である.　富栄養化や過剰な撹乱という正常な生態系の阻害要因を取り除くことが,生態工学に求められる第一の視点である.　そのうえで,資源が効率よく利用される生物多様性豊かな生態系を保全することが重要なポイントとなる.

　自然環境には本来,変動する性質がある.　特にアジア大陸の東岸に位置するわが国は,台風などの気象災害に毎年のように襲われ,日本海側では,積雪も

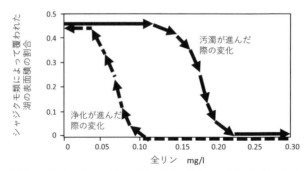

図1.1　オランダの浅い湖の水質汚濁が進行した際と汚濁の浄化が進
行した際のシャジクモ植生の繁茂状況の変化位相の違い
（Scheffer *et al.*, 2001）.
自浄作用のある「澄んだ系」から「濁った系」へのレジームシフトは,シャジクモや沈水
植物による作用によって全リン濃度が高くないと起こらないが,自浄作用のない「濁った
系」から「澄んだ系」へのレジームシフトは水質がかなり改善されないと起こらない.

多量で, 傾斜地では雪崩も多い. プレートの境界線上に日本列島は位置してお
り, 地震も多発する. 環境条件の変動は, 生態系に撹乱をもたらし, 人間社会
に対しては, 災害を引き起こす.

　したがって, 生態工学の対象となる生態系にはレジリエンス（resilience）が
求められる. レジリエンスは,「システムが極度の状況変化に直面したとき, 基
本的な目的と健全性を維持する能力」（ゾッリほか, 2012）である.

　もともとは, 水質がある程度悪化しても, 沈水植物や大型藻類による自浄作
用で「澄んだ系」が維持されていた生態系が, 汚濁による光不足で沈水植物な
どが失われると, 生態系が「濁った系」に急激に変化する現象＝レジームシフ
トを説明するために用いられた（図1.1）. その際のレジリエンスの定義は,「撹
乱を受けた生態系が異なる相の状態へ変遷することなく安定状態を自己回復で
きる撹乱の許容量」である.

　気候変動の進行を前提として, フォークら（Falk *et al.*, 2019）は, 急速に変
動する世界では, 過去の状態に戻るだけでなく変化への適応反応として, レジ
リエンスが理解されなくてはならないと述べた. その基本要素として抵抗性
（resistance）, 回復力（recovery）, 再組織力（reorganization）をあげている.
抵抗力は, 文字どおり, 撹乱に抵抗して, 生態系機能を維持しようとする力で

ある．回復力は，撹乱でいったん低下した生態系機能を回復しようとする力である．再組織力は，撹乱によって機能はもちろん構造まで損なわれた生態系を再び組織しようとする力である．

　回復力は，たとえば，生態遷移における二次遷移や天然林におけるギャップ更新に相当する．再組織力は，砂漠化や斜面崩壊，火山噴火などによって生態系の基盤が失われたような状態からの回復に相当する．再組織力では，その場だけでなく，ランドスケープスケールの条件が重要になる．

　また，ほどほどの撹乱の維持が求められることも多い．たとえば，湿地では，治水の徹底などによって撹乱が失われると，急速に遷移が進行し，湿地として特徴的な種構成が失われてしまう．あるいは，里山では，燃料採取のための柴刈りや肥料採取のための落ち葉除去が行われなくなって，豊かな林床植物の多様性が失われつつある．そのような生態系を維持しようとすれば，災害を引き起こすような撹乱を避けつつも，ほどほどの撹乱を許容する構造ないしは，管理を維持する社会的な仕組みが必要となる．

　レジリエンスの要素として，回復力・抵抗力とともに，冗長性（redundancy）がある．冗長性は，生物多様性と生態系安定性の関係の議論から提案された．多様な条件に適応してきた種のセットを保全していたほうが，いざというときにシステムの機能は維持されやすいことを示す．外来生物による侵略的被害は現代的な課題の1つだが，一般的には，生物多様性が高く，資源が有効に使われている生態系では，仮に外来生物が持ち込まれても，繁殖まで至る可能性が低く，その侵略を阻止しやすいといわれている．逆にいえば，生物多様性が低く，光や栄養分などが余った状態にある空間では，外来生物による侵略の危険性が高く，恒常的な管理が求められる．

　また，災害の観点からは，撹乱を引き起こす力の分散や災害時の避難地や避難経路，復旧経路の確保などがレジリエンスの要素となる．治水では，ダムや堤防などの土木的構造だけに大雨時の対処を頼るのではなく，流域全体の保水力を高める取り組みが重要とされる．避難・復旧拠点として，防災緑地系統の取り組みも進められている．これらと合わせて，風致性や生物多様性保全機能にも優れた緑地が望まれている．

　倫理的な姿勢として，生態工学の技術者に求められることは，地域の生物の

立場を代弁することである．生物の立場でインフラの問題を提起できる専門家は，生態工学技術者しかいない．この立場を堅持し，科学的エビデンスにもとづいた主張をすることは，実り多い生態工学事業を実現するために大切である．

もうひとつ，「人間的かつ生態的価値を有す新しい持続可能な生態系の発達」のために求めたいことは，未来ある地域のための人の言葉を引き出すことである．地域の事業は現在を共有する人々の合意を得ながら進めることが原則ではあるが，標記の目標のためには，それだけでは不十分である．生態工学の対象となる空間は，地域の自然環境をベースに成り立っているだけでなく，土地の歴史の上に成り立っている．その歴史を掘り起こすとともに，自然環境の構造と地域の履歴によって形成されてきた人々の関心・懸念を把握することが大切である．そのような風土的意味を基礎にして新しい生態系を考えないと，社会に担われ続ける生態系は維持できないであろう．

一方，現代では，大量なデータが様々な形で情報化されストックされている．そうしたビッグデータを掘り起こして有効に活用し，未来の議論に供することはもちろん重要である．

こうしたことを踏まえたうえで，未来に向けた自由闊達な意見交換が行われることが，真に持続可能な生態系を実現するためには必要であろう．

1.3 生態工学の方法

生きものとその生息・生育空間の技術は直線的な法則によっては説明できない．生態工学を理解し，活用するためには，多様な生きものとその生息・生育空間についての理解と洞察が必要である．そのためには，現場に出て，野外の複雑な自然を観察し，そのパターンを読み取るトレーニングをすることが大切である．

その前提となる技術として，生物種の同定能力は必須である．よい図鑑，あるいは最近では有効なスマートフォン用のアプリも出てきているので，それらを活用して，的確に生物種を同定できることが必要であり，不明な場合は，標本作成を厭わず行う習慣を身につける．また，野外で思うように活動するには，一定の行動技術を身につける必要がある．これら基礎的なトレーニングは，指

導者について学ぶことが最善だが，調査補助も有効な学習方法なので，日頃から現場経験を積むことを意識しておく．

　生態工学の計画論的な特徴は，生きものや生態系のシステムと，人間生活が必要とする建設事業などに関する技術のシステムを調整して，新たなシステムを構築することである．生態系と人工系のシステムは相互に矛盾することも多い．それらが共存できるように調整する必要があるが，計画論的には大きく2つの考え方がある．1つは，両者の空間をゾーニングして分け，両者の空間の間に緩衝帯などを設けて隔離することによって生態系を保護しようという空間分割型調整である．

　もうひとつは，農業用水路が農業生産にも魚類の生息にも使われるように，両者のシステムの相互に利益が得られるようにする空間共存型調整である．このケースでは，両方の機能がともに発現されるような設計の工夫がポイントになる．このタイプには，時間分割型調整も含まれる．たとえば，通常時の河川は水生動植物の生息・生息空間としての機能や利水機能が優先されるが，増水時には治水施設としての機能を優先させるというような調整法である．これらのいずれかを用いるかは，事業で求められる生態系と人工系の両システムの関係にもとづいて判断する．

1.4　本書の構成

　本書は，本章のほか大きく4部からなり，全体を通して生態工学の考え方と実際を学べるように構成されている．

　第2〜4章では，生態工学の基礎である生態学の基本原理，生きもの，その生息・生育場所，生態系をめぐる物質の動きについて，工学との関係に留意しながら解説する．

　第5〜8章では，人工系とは異なる生きものと生態系の特質に配慮しながら，生態工学の基本技術である，生物環境情報，影響評価，影響緩和，ポテンシャル評価について解説する．

　第9〜10章は，生態工学の手法について，これまで各地で実践されてきた事例を踏まえながら，計画段階と管理段階に分けて説明する．

　第11〜12章では，人と自然の関係の考察を基礎にして，市民と生きものの接し方および生態工学と市民生活の関係について提案する．

　フィールド科学である本書の内容は，是非実践の場で検証しながら，理解していただき，現場で有効に活用されることを願っている．　　　　　〔小林達明〕

文　献

Falk, D. A., Watts, A. C. and Thode, A. E. (2019) *Frontiers in Ecology and Evolution*, **24**, (https://doi.org/10.3389/fevo.2019.00275)

Mitsch, W. J. (1993) *Environmental Science & Technology* **27**, 438-445.

Scheffer, M. S., Carpenter, S., Foley, J. A., Folke, C. and Walker, B. (2001) *Nature*, **413**, 591-596.

ゾッリ，アンドリュー，ヒーリー，アン・マリー著，須川綾子訳 (2013) レジリエンス　復活力―あらゆるシステムの破綻と回復を分けるものは何か―，ダイヤモンド社．

第2章

生 き も の

2.1 生きものとは

　生きもの (organism) とは，生きているもの，すなわち命をもつものをいう．どの生きものにもやがて死が訪れる．生を受け，死を迎えるまでのあいだ，生きものはなんらかの形で繁殖や増殖をし，DNA (deoxyribonucleic acid；デオキシリボ核酸) を通じて自己のもつ遺伝情報を子孫に受け継ぐことができる．生きものは変異に富み，形態などの生物学的特性が個体，種，集団などのユニットごとで異なる．変異には，環境の影響で可塑的に変化が生じるものと，遺伝的な要因によって変化が生じるものとの2種類がある．後者の場合，変異が何世代にもわたって子に受け継がれる過程において，特定の形質が変化したり，新たな種が生み出されたりすることを進化 (evolution) という．進化は，DNAの複製ミスにより塩基配列が突然変異を起こして表現型にあらわれる場合や，外的環境からの影響で特定の形質をもつ個体が淘汰される場合，また異なる系統どうしが交雑するなどして起こる場合がある．

　地球上に生命が誕生したのは約40億年前と考えられている．それから今日まで，生きものは様々な形で進化をとげてきた．生きもののうち，動物の多くは高い移動能力をもち，自らのエネルギーで走ったり，飛んだり，食べたり，鳴き声やふるまいでコミュニケーションをとったりすることができる．植物は，自ら移動することは難しいが，種子や花粉や胞子の形成などにより次世代に遺伝情報を受け継ぎ，これらが風や動物，重力，水などで運ばれることで，生育範囲を変化させることができる．古細菌 (アーキア) のグループは，微生物という観点から菌類や細菌類と似ているが，系統的には大きく異なるグループである．分子情報にもとづき，生物界は現在，細菌，古細菌，真核生物とおおよ

そ３つのグループに分けられており，これに属するものがすべて生きものとなる．真核生物のグループには，植物，動物，菌類，原生生物などが含まれ，わたしたち人間もここに位置する．ウイルスは，DNA または RNA（ribonucleic acid；リボ核酸）によって構成される微粒子である．細胞をもたないため，ほかの生物に感染しその細胞の中で増殖するが，宿主に病気の症状をもたらす場合には，病原体として扱われる．

　生きものは生命活動を維持するためにエネルギーを必要とする．たとえば人間は，野菜，キノコ，肉類など様々な食べ物を摂取し活動している．一方，植物のほとんどは葉緑体をもち，光合成を行って，生きるためのエネルギーを得ることができる．葉緑体をもたない植物は，ほかの生物がつくったエネルギーや栄養素などの資源を得ることで，また動物は，ほかの生きものを食すことで生きている．古細菌の中には，メタン生成菌のように，嫌気的な環境において水素と二酸化炭素からメタンを生成することでエネルギーを摂取するものがある．

　人間が，ほかの生きものと大きく異なる点は，高度な知能と豊かな感情，および社会を形成する能力をもち，地球上のほとんどの陸地に生息地（ハビタット）をもっていることである．地球の人口は 2020 年現在，約 78 億人であり，わたしたちが化石燃料の利用などを通じて 1 年あたりに排出する二酸化炭素量は約 300 億トンをこえている．人間は森林伐採や都市建設などで自然生態系を大きく改変する能力をもち，ほかの生きものの生死に影響を与え，ともすれば絶滅させる力を有している．これらのことから，現代は，人類が地球を支配する時代という意味で人新世（アントロポセン，Anthropocene）ともよばれている．

2.2　生きものの多様性

2.2.1　生物多様性という言葉の歴史

　個々の生きものは様々な点で他者と異なる個性をもち，全体として豊かな多様性が形成されている．このことを生物多様性（biodiversity）とよぶ．生物多様性という言葉は，歴史が浅く，概念として初めて書物にあらわれたのはダス

マン（1968）による "*A Difference Kind of Country*" という出版物であったとされる．ダスマンは生態学を専門とする科学者であったが，自然保護にも関心をもち，地球上の多様な生きものの生息地が人間活動によって破壊されることへの懸念をこの本にまとめた．この時点では，生物多様性の概念はまだあいまいであった．しかしその約 20 年後，1986 年に生物多様性フォーラム（The National Forum on BioDiversity）という国際会議が開かれ，主催者の 1 人であったローゼンは，biological diversity（生物学的な多様性の意）を 1 語にまとめた biodiversity（生物多様性）という言葉を創出し，この言葉が広く世界に知られるようになった．本会議の目的は，熱帯林をはじめとする生物の豊かな生態系が人間の活動によって急激に消失し，多くの野生生物が絶滅の危機に瀕している状況を伝えることにあった．本会議の内容をもとにした書籍 "*Biodiversity*"（1988）は世界的なベストセラーとなった．その後，1992 年にブラジルのリオ・デ・ジャネイロで開催された国連による地球サミット（環境と開発に関する国際連合会議）において，生物多様性条約（Convention on Biological Diversity：CBD）の採択と署名が行われた．この条約は，生物の多様性の保全，持続可能な利用，および遺伝資源の利用から生じる利益の公正かつ衡平な配分の実現を目的としており，2018 年現在（COP14 時点），196 の国と地域が加入している．

2.2.2　生物多様性とは何か

生物多様性条約において，生物多様性とは次のように定義されている．
「生物の多様性」とは，すべての生物（陸上生態系，海洋その他の水界生態系，これらが複合した生態系その他生息又は生育の場のいかんを問わない．）の間の変異性をいうものとし，種内の多様性，種間の多様性及び生態系の多様性を含む．
　　　　　　　　　　　　　　　　（環境省生物多様性センターホームページより）
　種内の多様性とは，種の中に存在する遺伝的な多様性のことをいう．近年，分子生物学的な研究手法が急速に発達し，1 つの種の中に存在する個体間の遺伝的な変異について，塩基配列の違いを直接比較することにより認識できるようになってきた．こうした遺伝的な違いに関する情報は，生物進化の基盤となるだけでなく，人が塩基配列を変化させることにより，任意の遺伝情報をもった生物体を作り出すための遺伝子工学技術として利用されている．その成果は，

害虫耐性のある農作物の開発や薬品といった生物資源の創出につながり，今やわたしたちの生活になくてはならない多様性といえる．

　種間の多様性は，地球上に多くの種が存在することを表した多様性である．種の多様性は膨大で，実際，どれほどの種が地球上に存在するのか，いまだ結論が得られていない．たとえば甲虫学者であったアーウィンは，熱帯林のある樹木で採集された甲虫の種数から，熱帯林には3000万種の節足動物がいるとの試算を発表した（Erwin, 1982）．この数値は，多くの人々の予測を上回っていたことから，世界に衝撃を与えた．その後，様々な手法で地球上の種の多様性の予測がなされ，たとえば，約870万種（Mora *et al.*, 2011），500万種（Costello *et al.*, 2013），などの推定値がある．種数の推定が難しい理由は，未記載種といわれる，まだ図鑑や論文などで発表されていない，未発見の種が多数あることによる．全体の種数が比較的限られており，かつ，研究も進んでいる哺乳類や鳥類については，今日，新種が見つかるということはまれであるが，微生物や無脊椎動物，海洋生物では，名前のつけられていない分類群が大多数を占め，種の多様性の推定が困難な状況をもたらしている．

　生態系の多様性とは，生きもののハビタット（生息地）となる生態系の多様性のことをいう．わが国には森林，河川，草原，水田など多様な生態系が存在する．これらは，景観（landscape）とよばれる広域のまとまりで把握されるものから，学校の裏庭や，水たまり，1本の木の樹冠などの小さな生態系まで，様々な空間スケールで認識される．生態系の多様性は，種間の多様性，さらには遺伝的な多様性を支える土台ともなるため，重要な生物多様性である．

2.2.3　生物多様性と人とのかかわり

　人は生物多様性を利用して生活をしており，生物多様性と文化・社会の多様性とは密接なつながりがある．この関係性のことを生物文化多様性（biocultural diversity）という．今村ら（2012）は，生物多様性と文化多様性とが強く相互依存している分野として，言語，物質文化（生物多様性から形成されるものなど），知識と技術（自然素材の利用に関する習慣など），生業維持の方法（農業や水産業など），経済（共有地管理など），社会制度（政治，法律，土地利用制度など），信念体系（宗教など）をあげている．また，人間が構築した文化や社

図 2.1 湿地と人々とのかかわり（筆者撮影）

a：岐阜県中津川市に分布する生物多様性の豊かな湧水湿地.

b：湿地の周辺集落でみられる門松の文化. 門松に使われているアカマツやソヨゴは湿地
から採集されたものである.

c：湿地から伐りだされてつくられた集落内の家屋. 結という協働作業によりこの家屋が
建てられた.

d：湿地における森林管理作業. 木本植物を伐採し, 資源として利用することで, 樹林化
が抑制され湿地が維持される.

会制度が, 逆に地域の生物多様性のありように変化を与えることも知られてい
る. たとえば, 里山での資源利用は, 二次林や半自然草原など二次的な自然を
生み出し, そこに生息する生きものの種類に強く影響を与えている. 李・佐伯
(2018) は, 東海地方の丘陵地に高密度に分布する湧水湿地群を対象として, 湿
地に存在する生物多様性と, 湿地周辺の里山にある集落コミュニティがもつ文
化や人々の湿地とのかかわりを調べた. その結果, 湿地を先祖代々所有してき
た家系の人々は, 湿地に生育する植物の多くを認識しており, それを実際に利
用したり, 湿地の水や生物を資源として使うことで, 湿地との文化的・精神的
な結びつきが形成されていることが明らかにされた（図2.1）. こうした相互関
係は, 豊かな自然や生物多様性をもつ地域では, おのずと形成されることが期
待されるが, 逆に, 生物多様性が減少し, 地域間でより画一化されていくと,
文化の多様性や固有性を乏しくさせるおそれがある.

　私たちが生態系から受けるめぐみのことを生態系サービス（ecosystem ser-

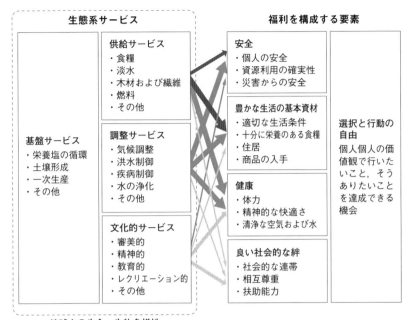

生態系サービス

基盤サービス
・栄養塩の循環
・土壌形成
・一次生産
・その他

供給サービス
・食糧
・淡水
・木材および繊維
・燃料
・その他

調整サービス
・気候調整
・洪水制御
・疾病制御
・水の浄化
・その他

文化的サービス
・審美的
・精神的
・教育的
・レクリエーション的
・その他

地球上の生命・生物多様性

福利を構成する要素

安全
・個人の安全
・資源利用の確実性
・災害からの安全

豊かな生活の基本資材
・適切な生活条件
・十分に栄養のある食糧
・住居
・商品の入手

健康
・体力
・精神的な快適さ
・清浄な空気および水

良い社会的な絆
・社会的な連帯
・相互尊重
・扶助能力

選択と行動の自由
個人個人の価値観で行いたいこと，そうありたいことを達成できる機会

矢印の色：社会経済因子による仲介の可能性　■ 低　■ 中　■ 高
矢印の幅：生態系サービスと人間の福利との間の関連の強さ　═ 弱　▭ 中　▭ 強

図 2.2 生態系サービスの種類と人類の福祉との関係

国連ミレニアム生態系評価報告書（Millennium Ecosystem Assessment, 2007）口絵図 A をもとに作成

vices）という．国連が発表したミレニアム生態系評価報告書（2005）によれば，生態系サービスは基盤サービス，供給サービス，調整サービス，文化的サービスの4つに大別される（図2.2）．近年，生態系サービスと生物多様性との関係性に注目が集まっており，生物多様性が高い生態系ほど生態系サービスが高い傾向を示すデータが多く発表されている．

　生物多様性という言葉が広く知られるようになったのは，上述のとおり，20世紀後半になってからである．この言葉が生まれてまもない時期は，基本的に，自然保護か，経済開発か，という二者択一のイメージが強く，生物多様性の保全は，人間の経済的発展や幸福と両立させることが難しいとの考えがあった．しかし，生物多様性と，人間の文化的な豊かさや，自然から得られる生態系サービ

スとが強い結びつきをもつことが知られるようになった今日，生物多様性を守ることは，わたしたち人間自身の豊かさや幸せを守るために不可欠なものと考えなくてはならない時代に入ってきている．そのことは国連の持続可能な開発目標である SDGs（Sustainable Development Goals）において，貧困や飢餓，人権など，人間の生活の質に直接的にかかわる問題と同列に，陸域および水域の生物多様性を守ることの重要性が主張されていることからもみることができる．

2.3　生きものの分布と進化

　生きものは，特定の空間に偏りをもって生息している．生きものの分布は，環境との関係から地球全体でみると，気温，降水量，および陸域と海域の形状などから強く影響を受けており，歴史との関係も含めて生物地理区として表現することができる．生物地理区（biological region）は，様々なスケールで認識することが可能であるが，たとえば植物の場合，日本列島のほとんどの地域は日華区系に含まれる．この区系には，中新世に北極をとりまくように分布していた第三紀周北極植物群という植物が多数含まれている．さらに狭いスケールでみていくと，わが国では，地域ごとに，地史を反映した様々な生物群が存在することが知られている．たとえば，糸魚川〜静岡構造線付近には，第四紀に激しい火山活動が起こったフォッサマグナ地帯があり，ここで分化したとされる植物群をフォッサマグナ要素とよぶ．

　わが国は，降水量が豊富なことから植生の分布形成には気温が特に重要となる．吉良（1948）はそのことに着目し，温かさの指数（warmth index：WI）を考案した．温かさの指数とは，各月の平均気温と，植物が成長できる最低気温の 5℃との差を 1 年分，平均気温が 5℃を下回る月を除いて積算した値であり，各地点の気温の違いを指標化したものである．これを用いると，わが国の森林帯（forest zone）は寒いほうから順に寒帯（<15），亜寒帯（15-45），冷温帯（45-85），暖温帯（85-180），亜熱帯（180-240）として区分することができる．各区分にはその地域に特徴的な植生が成立し，冷温帯であればブナやミズナラといった落葉広葉樹林，暖温帯であればシイ類やカシ類などの照葉樹林などがみられる．生態工学において生きものを扱う場合には，それらがもともと，ど

のような地域や環境に生息するかを知っておく必要がある.

　森林帯は, 広域スケールでの自然のまとまりを示すものであるが, その一方で, 局所的な要因が生きものの固有の進化をもたらし, 独特の生物相が形成されることがある. たとえば海洋島 (oceanic island) は, 島が誕生してから一度も大陸とつながったことのない島のことをいい, その場所でしかみられない種が進化することが知られている. 海洋島は, 移入できる生きものが極端に限られるため, 大陸に比べると種の多様性が低く, 食物連鎖のネットワークが単調になりやすい. しかし, 一度島に定着した生きものは, まだほかの生きものに利用しつくされていない生息地や餌資源などを利用しながら, 微環境に応じた多様な形質をもつ子孫を急速に進化させることができる. このプロセスを, 適応放散 (adaptive radiation) という. 海洋島は, 移入できる種が限られているぶん, 利用されていない資源が豊富に存在し, 適応放散が起こりやすい生態系である. 適応放散の具体例としては, ガラパゴス諸島のフィンチ (ラック, 1974) や, 小笠原の陸産貝類 (Chiba, 1999) などが知られている. こうした島嶼生態系では, 外来生物も定着・拡散しやすい. そのため, 生きものや物資を移動させたりする場合には, 細心の注意を払わなくてはならない.

　ほかの地域に比べて固有種の分布が集中しており, かつそれらの種が生息地の破壊によって危機に瀕している場所を生物多様性のホットスポット (biodiversity hotspot) という (Myers *et al.*, 2000). マイヤーズら (Myers *et al.*, 2000) は, 原生植生が70%以上破壊されており, かつ維管束植物30万種のうち約0.5%（1500種）がその場所に固有に分布する地域25か所を生物多様性のホットスポットとして抽出し, 保全活動の優先地域とすることを主張した. このとりくみは, 国際的な自然保護団体であるコンサベーション・インターナショナル (Conservation International, 2020) によっても進められ, 現在, 36か所の地域がホットスポットとして選定されている. ホットスポット内に残された原生自然は, 地球の陸地面積のわずか2.4%を占めるにすぎないが, 植物の50%, 両生類の60%, 爬虫類の40%, 鳥類・哺乳類の30%が, 生物多様性ホットスポットにしか生息していない. ホットスポットの中には, 日本も含まれている. その理由は, 島国であること, 国土が南北に長く多様な地形と気候条件をもつこと, 里山に代表される独特の二次的な自然が存在することなどである.

表 2.1 わが国における絶滅危惧種の種数と評価対象種数に対する割合（環境省, 2020）

分類群		評価対象種数	絶滅危惧種数	割合 (%)
動物	哺乳類	160	34	21
	鳥類	700	98	14
	爬虫類	100	37	37
	両生類	91	47	52
	汽水・淡水魚類	400	169	42
	昆虫類	32000	367	1
	貝類	3200	629	20
	その他無脊椎動物	5300	65	1
植物等	維管束植物	7000	1790	26
	蘚苔類	1800	240	13
	藻類	3000	116	4
	地衣類	1600	63	4
	菌類	3000	61	2

　一方で，わが国には多くの絶滅危惧種（threatened species）が存在する（表2.1）．絶滅危惧種とは，絶滅が危惧されるほど個体数や生息地が減少している種のことで，IUCN（International Union for Conservation of Nature；国際自然保護連合），環境省，都道府県などが発表するレッドリストにまとめられている．環境省のレッドリストでは，絶滅危惧種に 3 つのカテゴリーがあり，絶滅の危険性が高いものから順に，絶滅危惧 IA 類，絶滅危惧 IB 類，絶滅危惧 II 類と区分される．2020 年度版のレッドリストをみると，哺乳類は評価対象種の約21%，両生類は約 52%，維管束植物は約 26% が絶滅危惧種となっている．昆虫や菌類などは絶滅危惧種の割合がほかよりも低いが，これは現在の生息状況を評価するための科学的知見が十分に集まっていないことにもよる．

2.4　生きものの未知性

　現在，私たちがみることのできる生きものの多様性は，約 40 億年という長いときを経て生み出されたかけがえのないものである．生命史においてこれらがどのように創出されたのかを完全に明らかにすることは難しく，また将来，これらがどのような方向に進化するのかを予測することも難しい．進化は，環境やほかの生きものとの相互作用などから大きな影響を受けるものの，偶発的な

イベントによってもその方向性が左右される．たとえば，遺伝的な多様性は，
父個体と母個体から受け継がれる染色体の組合せに大きく依存する．また野生
動物の年ごとの個体群増加率は，生息環境だけでなく，各年にどれだけ雄や雌
が生まれたかといった，性比にも左右される．私たちは，生きものには不確実
で予測できないことがあることを考慮し，行動する必要がある．

　生態工学は，生きものと人とが望ましい関係性を構築していくための学問で
ある．何を望ましいとするかは，人の側で責任をもって判断をしていかなくて
はならないが，目標に至る過程で，自然や生きものが思いどおりの状態に至ら
なかったり，また生きものや環境に関する情報が不足しているような状況も十
分に想定しておかなくてはならない．生きものの不確実性や未知性を考慮した
技術の発展とそれを支える科学情報の構築が，生態工学の重要な課題である．

〔佐伯いく代〕

文　献

Chiba, S. (1999) *Evolution*, **53**, 460-471.

Costello, M. J., May, R. M. and Stork, N. E. (2013) *Science*, **339**, 413-416.

Cox, C. B., Moore, P. D. and Ladle, R. J. (2016) *Biogeography: an ecological and evolutionary approach*, Wiley Blackwell.

Erwin, T. (1982) *The Coleopterists Bulletin*, **36**, 74-75.

今村彰生・湯本貴和・辻野亮 (2012) 生物文化多様性とは何か，環境史とは何か（湯本貴和編，松田裕之・矢原徹一責任編集），文一総合出版，pp. 55-73.

吉良竜夫 (1948) 寒地農学，**2**, 143-173.

李雅諾・佐伯いく代 (2018) 湿地研究，**8**, 81-97.

Millennium Ecosystem Assessment ed. (2005) *Ecosystems and human well-being: synthesis.* Island Press. （横浜国立大学 21 世紀 COE 翻訳委員会責任翻訳 (2007) 国連ミレニアムエコシステム評価—生態系サービスと人間の将来—，オーム社.）

Mora, C., Tittensor, D. P., Adl, S., Simpson, A. G. B. and Worm, B. (2011) *PLoS Biology*, e1001127.

Myers, N., Mittermeier, R. A., Mittermeier, C. G., da Fonseca G. A. B. and Kent, J. (2000) *Nature*, **403**, 853-858.

ラック，デイヴィッド著，浦本昌紀・樋口広芳訳 (1974) ダーウィンフィンチ—進化の生態学—，思索社.

Wilson, E. O. (1988) *Biodiversity*, The National Academies Press.

　ウェブサイト

Conservation International (2020)（https://www.conservation.org/priorities/biodiversity-hotspots　2020 年 10 月 23 日確認）

環境省 (2020)（https://www.env.go.jp/press/107905.html　2021 年 10 月 25 日確認）

第3章
生きものと環境

3.1 ハビタット

ハビタット（habitat）とは，生きものの生息場所という意味であり，個体が物理的に存在する点の集合体ととらえることができる．それらの集合体が時間的な連続性をもって，線や面となり，「種」の生息範囲，すなわち分布域が定義される．その線または面には，採餌場所，繁殖場所，休憩場所となる多様な環境要素が含まれる．また有性生殖する生物は，種が存続するために交配が必要である．自由交配可能な個体の集合が個体群（population）であり，野生生物の存在単位の1つである．ハビタットは，個体群の総体が存在する空間とも定義される．本章では，ハビタットに深く関係するビオトープ（biotope）や遷移などの概念について，主に昆虫を事例として説明する．

3.1.1 ビオトープ

生物の生存・繁殖の可否は，多くの場合，非生物的環境との関係性で決まる．動物は餌や営巣資源がなければ子孫を残すことができない．植物は光・水・栄養などがなければ成長することができない．生存の基盤となる地表の湿度や保水性は，土壌粒子に依存する．したがって，個体群や種の存在する単位は，非生物的環境の類似性によって制限される．地形や地質など非生物的環境の類似した空間をフィジオトープ（physiotope），また水文環境の類似した空間をヒドロトープ（hydrotope）とよぶ．これらで規定され，形成される環境単位は，必然的に，そこに生息する生物種を定めることになる．非生物的環境によって制限され成立した生物群集で，他の空間と明瞭に区分できる空間単位をビオトープという．たとえば植物を栄養源として利用するチョウ類においても，動物を

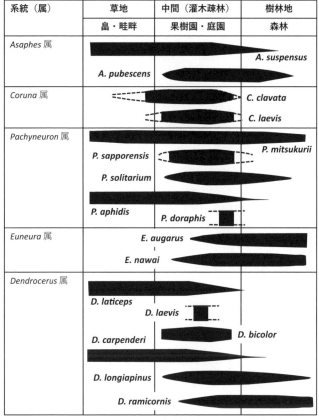

図 3.1 日本におけるアブラムシの高次捕食寄生バチ 17 種の生息場所
(Kamijo and Takada, 1973；Takada, 1973)

栄養源として利用する捕食寄生バチ（高次寄生者）においても（図 3.1），異なる系統でそれぞれ異なる環境単位に出現する種があり，生物群集が多様な要因で決定されていることを知ることができる．それは，後述する撹乱や遷移の段階と整合する．

3.1.2 代表的なハビタット

　以下に，わが国の生態系において代表的なハビタットと，そこに生息する象徴的昆虫群をあげる．

農地（裸地，湿潤土壌）：チョウ類，ガ類，カメムシ類，ハエ類，トンボ類，捕食寄生性ハチ類

農地（施設）：アブラムシ類，コナジラミ類，アザミウマ類

溜池：トンボ類，ゲンゴロウ類，アメンボ類

河川：ミズスマシ類，カゲロウ類，カワゲラ類，ナベブタムシ，ドロムシ類，トンボ類，ハエ類

樹林地：バッタ類，チョウ類，クワガタ類，カメムシ（セミ）類，コオロギ類，ヒメカゲロウ類，捕食寄生性ハチ類

森林辺縁部のマント・ソデ植物群落：キリギリス類，フキバッタ類，カマキリ類

海浜・沿岸：海浜性・準海浜性ハチ類，コオロギ類

砂地（裸地・草地，乾燥農地）：ハンミョウ類，バッタ類，クモバチ類，ハナバチ類，ヒメカゲロウ・クサカゲロウ類

緩衝帯（移行帯・高頻度撹乱）：潮間帯に特異的なハンミョウ類やコオロギ類やアメンボ類，湿地汀線部や不安定な湿地に特異的なカメムシ類

　これらのうち，海浜に生息するハチ類に着目すると，もっぱら砂浜・砂地のみに生息する種，砂浜・砂地だけではないがそこで発見される頻度がきわめて高い種，砂浜・砂地の外に普通にみられる種に大別することができる（郷右近・

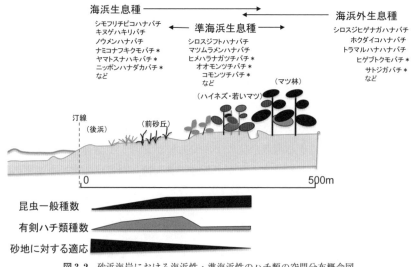

図3.2　砂浜海岸における海浜性・準海浜性のハチ類の空間分布概念図
　　　　種名の＊はカリバチ群，無印はハナバチ群を示す.

松本, 2010). これらをそれぞれ,「海浜生息種」,「準海浜生息種」,「海浜外生息種」とよぶ. これらは, 採食資源や営巣場所などによって, 生息空間が区分されている (図3.2). このハチ類は一般に, 特定の植物に依存しているのではなく, 季節的に連続して開花する多様な植物を利用している (図3.3). 準海浜生息種の生息地は, 営巣環境条件の特異性 (たとえば, 砂粒の大きさ, 砂浜硬度や勾配) や, 競合種とのニッチ重複が不可能であることで特徴づけられるビオトープである. そして, 移行帯ともいえる, 希少かつ脆弱な空間に成立する生物群集である.

　こうした移行帯は2つの安定したビオトープの存在と, その境界における撹乱によって維持されており, 人為的に創出・制御することがきわめて困難であ

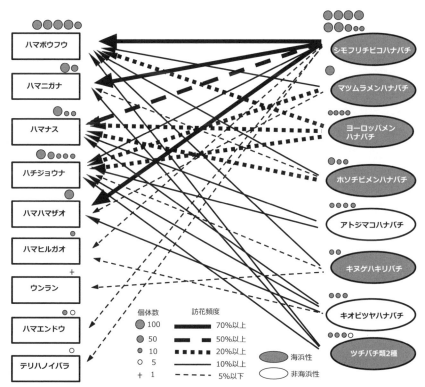

図3.3　蒲生干潟砂丘における花と訪花ハチ類の相互関係 (郷右近, 2006)
%は植物からみた相対訪花頻度.

る．ため池や河川と乾燥地との間の移行帯，そして樹林と草地との間の移行帯
も同様である．そこは，競合と資源利用の狭間で独特の適応を遂げた生物の宝
庫でもある．そのため移行帯の維持は生態工学の重要な課題である．

　生態工学の分野においては，生物的要素は，それ自体が直接，創造・管理の
対象とされることが少ない．むしろわれわれは，土壌と水を操作することで，
そこに出現する植生を管理し，また，成立した植生が逆に土壌や水にさらに影
響を与えるというプロセスを通じて管理を行う．その相互作用系が動的平衡を
なし，動物を含めた生物群集が形成されて，環境単位やビオトープとして区分
することが可能となる．海浜や砂地の昆虫群集に象徴されるように，land care
（土地の保全・土壌の管理）と water care（水系の保全・水の管理）は生態工
学の肝である．

3.2　ビオトープの時間的変化

3.2.1　撹　乱

　ビオトープでは，それを構成する生物も，非生物的環境も，時間とともに変
化をしていく．変化には，自然エネルギーによるものと，人為によるものがあ
る．河川の氾濫や，樹林地の地すべりは，遷移を初期段階にリセットする．こ
うした自然撹乱は，ギャップを作り，微視的には新たなビオトープの出現をも
たらし，巨視的には異質性を担保する．また，ハビタットの連続性を分断する
こともある．

　外来生物の出現は生物群集の人為的撹乱の一つである．たとえば，園芸植物
や修景植物の開花は，糖（蜜）とアミノ酸（花粉）の時空間的分布を大きく変
えることになる．外来植物の分布の拡大と顕在化については，シロツメクサ，
ブタナ，イタチハギ，セイタカアワダチソウ，オオキンケイギク，ナルトサワ
ギクなど枚挙にいとまがない．農林業がもたらす人為的撹乱もある．特に，一
時的に潅水される水田や作期の短い作物を栽培する畠は，撹乱の度合いが大き
い．また林業における間伐や主伐は，光環境を大きく変化させ，好陽性の植物
の発芽と成長を促進する．

　現在，農業害虫管理における生態工学（Gurr *et al.* eds, 2004）の台頭によっ

て，畦畔や遊休地の植生育成の重要性が認識されている．かつて，こうした空間に動物現存量の多い状況は，害虫多発生を誘導するととらえられ，除草剤やコンクリートの投入によって植生排除が行われてきた．しかし，この行為は害虫の天敵である捕食性や捕食寄生性の動物の排除を不可避とし，結果として，むしろ植食性昆虫の突発多発生を誘導する行為だと理解されている．圃場と周辺緑地を一体とみなした生物多様性管理・天然資源管理の実践が生態工学の本質であるという，環境ケアの原点（Mitsch and Jorgensen eds, 2003）に収束することが期待されている．

　生態工学に対する認識の深化にともなって，近年，公園や河川敷に導入される緑化樹が，樹木害虫となるカメムシ目昆虫の国外移入種の著しい増加をもたらしていることが，注目されている（林・宮武，2017；中谷ほか，2017）．また，果菜類の害虫に対して生物農薬として導入されたタイリクヒメハナカメムシは，ヒートアイランド現象を含む近年の温暖化の影響や人為的伝搬によって，市街地や海洋島の在来種カメムシ類への，深刻な脅威となっている可能性が高いという（浦山ほか，2019）．このような造園および農業，観光業による生態系の撹乱は，在来種による固有の景観を減少させ，生態システムの単純化や画一化による弊害を助長する可能性が高く，いっそうの留意が望まれる．

　外来種のグランドカバープランツの分布拡大にも注意を要する．導入植物はハナバチ類の送粉ネットワーク（図3.3参照）を改変し，野生ハナバチ類の種多様性の低減要因となることが指摘されている（Mathiasson and Rehan, 2020）．具体的には，開花量や時空間的な分布変化による植物とハチの種間関係や，競合するハチの種間関係を改変する．また，導入された植物種の花粉ごとに，その成分が異なるため，食採する花粉をどのような植物から集めるかによってハチの適応度（fitness）が変化する（Lawson *et al.*, 2020）．こうしたプロセスを通じ，緑化による顕花植物群集の改変は，送粉者-植物群集に影響を及ぼすことが知られている．

3.2.2　遷　移

　生物によって新たに創出された環境条件が端緒となる遷移を自発的遷移（autogenic succession）という．一方，非生物的な要因によってもたらされた環境

条件が端緒となる遷移を他発的遷移（allogenic succession）という．初歩的な
生態工学的発想では，土壌の掘削や水の放流など，他発的遷移を作為すること
がしばしば行われる．しかし，長期的にみると，自発的遷移を見通した作為の
ほうが望ましい．これは，他発的な遷移の影響を維持するには，管理に多大な
労力を要したり，また，意図と異なる帰着になるおそれがあるためである．

　土壌には，有機物や埋土種子が含まれることが多い．そのため，造成地では
自発的遷移が進行しやすい．これは，土壌内の生物の存在が，またある生物の
生存を規定していくというプロセスである．その連鎖によって，生物群集は変
化していくが，対象地が止水湿地であった場合には，時間の経過とともに乾燥
が進み，湿地はやがて消失する．同様に，草地には木本植物が侵入し，時間と
ともに樹林化が進行する．砂地の場合，遷移は遅いのが一般的である．砂は風
や波で移動するため，植物の定着が容易でないことが一因である．したがって，
砂地は，一定の面積以上となると，長期にわたり独特の生物群集を維持するこ
ととなる．

　植生に着目した一次遷移や二次遷移は比較的よく知られているが，遷移は動
物群集にも生じている．以下に簡単に例をあげ紹介する．

a. 淡水流水における遷移

　流水の底生動物の生活型は，生息場所の物理的構造や流れの条件の特性に対
応した生態・形態により分類でき，固着型，遊泳型，造網型，滑行型，匍匐型，
携巣型，掘潜型などに類別される．

　流速が常時速い環境では，遊泳による移動や定位は容易でなく，遊泳型より
も固着型や滑行型の動物群が適している．匍匐型の動物群は，変動する環境条
件においても脚で歩行して定位に適した場所に比較的容易に移動できる．これ
らは砂の堆積など風化が著しく進んだ基盤構造や，常時安定した流量・流速に
強度に依存していない動物群である．滑行掘潜型は，河川の砂底に潜り，砂層
中や石表面で生活する動物群である．そのため，この型の底生動物は石砂が堆
積した，比較的安定した河川環境に生息する．携巣型は筒巣を形成して，匍匐
による移動をする動物群である．生息場所における巣材の供給を生息基盤とし
ている点で，相対的に高い安定性を必要とする．造巣掘潜型は，泥や砂，付着
藻に糸を巻きつけて巣を作り生活する動物群であり（竹門，2005），遷移が進ん

だ段階における現存量が多い. 造網型は分泌絹糸によって捕獲網を形成する動物群である. 網を張った一定の場所で摂食活動を行うことは, そこに一定の採食資源が供給されるとともに, 網が破壊されない安定した環境であることを表している. つまり, 河川の底生動物においては, 造網型の動物現存量が相対的に優占する群集に遷移する. 造網型の動物では, その網の大きさや固着強度によって亜極相と極相の種構成が異なる.

　流水の底生動物は, 上流域での遊泳型個体の現存量が相対的に大きい. また, 水量や流速の安定性が増すにつれ, 匍匐型や携巣型の種が優占する群集を経て, 造網型の種が優占する群集となり極相に達する. 匍匐型や携巣型の種は付着藻類を摂食する. 造網型の種は, 動植物の遺体が細かく砕けたものや, 有機物が凝集して粒子になったものなどを摂食するが, これらの資源は安定した河川環境において安定的に供給される.

b. 氾濫原湿地・ため池における遷移

　陸水湿地には多様な環境が創出され, たとえば, 水溜りにはヒメアメンボやケシカタビロアメンボが, 開放的水面にはナミアメンボやトガリアメンボが出現する. 汀線にはマダラミズカメムシなどが, 浮葉植物上にはハネナシアメンボやムモンミズカメムシなどが生息する. そして, 抽水植物が増加するとエサキアメンボやカスリカタビロアメンボ, ヘリグロミズカメムシなどがみられる. このように, 二次元的な単純な空間である止水水面に棲息する, 植食性をもたないカメムシ類だけに注目しても, 開放水面の減少と植生遷移の状態によって, 群集を構成する種の生息状況には明瞭な差異が存在している (図3.4).

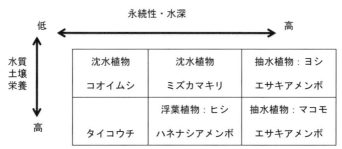

図3.4 氾濫原湿地における水生カメムシ類の生息環境の遷移と指標性
佐賀県松浦川「アザメの瀬」流域における事例.

3.3　ビオトープの空間スケール

3.3.1　空間スケールと遺伝的交流

　種の遺伝的交流の範囲は，個体や種子，花粉の移動範囲として定義される．遺伝子は，世代を介して受け継がれ，浮動や選択を通じて，その頻度が変化する．遺伝子の頻度は，分断によって変化しうる．たとえば，日本海側と太平洋側，東日本と西日本，分水嶺や島嶼であることなどを要因として，同種であっても遺伝的交流が分断，または制限され，遺伝子の頻度が大きく異なっている生物がある．

　生物の遺伝的性質をユニット，すなわち系統としてとらえた場合，農地のビオトープの管理においては，植食性害虫とその天敵，ならびに害虫の薬剤抵抗性と感受性に関する系統に着目することが重要である．農地の管理では，農地の配置，薬剤の施用時期や頻度，草刈りの時期や頻度や高さ，施設内と露地でどのような作物を栽培するかなどの要因が地域や季節によって異なるが，そうした行為は，ビオトープにおける生物種構成や遺伝的構成を規定する撹乱としてもとらえることができる．

　農地の管理は，様々なスケールで実施することが可能である．たとえば，群集に注目し，環境の類似した農地景観をひとつのビオトープとみるスケールや，畦畔や畠など，ミクロなスケールで異なる特徴をそなえる空間をそれぞれビオトープと見るスケールなどがある．これらのビオトープ間には，遺伝子流入（gene flow）や，動物の移動による相互関係が存在する．そのため，管理の対象となる種の遺伝子の頻度や，移動経路を規定する大気や物資の動きなども認識することが大切である．

3.3.2　生きものの移動

　野生生物は，出現と消滅を繰り返すパッチ状の空間で，移動と絶滅を反復しながら，個体群を存続させている．パッチ（patch）とは，ハビタットやビオトープとほぼ同義的に，生態工学の分野でよく使われる用語の 1 つである．同質のビオトープ区分であっても，パッチの大きさによって，生きものによる使わ

れ方が異なることがあり，たとえば，移動経路にすぎない場所，または，交尾から産卵，採食までといった一連の生活環をまっとうする場所となる場合がある．

パッチ間の移動は経路を選んだ飛翔や歩行など，能動的な移動はもちろんのこと，種子の散布や洪水による魚類の河川移動など受動的な要素が強いものがある．さらに巨視的には，台風，ジェット気流などの大気流動，海流による漂流物などを介した移動がある．たとえば，イネ害虫として有名なトビイロウンカやコブノメイガは中国大陸から気流にのって毎年日本に飛来している．非意図的／意図的移入による外来種も侵入と定着を繰り返し，ビオトープの生物種組成は変化し続けている．一方，国内においても地理的に離れたパッチ間や移動性の低い種では，同種個体の異なる移出入が数百〜千年の尺度でまれにしか生じないと考えられるものもある．

侵入害虫としてのアザミウマ類，コナジラミ類，カイガラムシ類は緑化植物や作物の苗や種子の生産と流通によって人為的に分布を拡大している．また，こうした外来種は複数の起源に由来することもあり，侵入先での交雑によって従来になかった性質を顕在化させることもある．近年はミトコンドリア DNAばかりでなく，核遺伝子やゲノムの把握が容易になったことから，こうした遺伝子レベルでの変化をモニタリングし，対応することが望まれている．種子，苗，球根などといった植物の搬入・導入は，付随する昆虫や微生物の移動経路として無視できない影響を及ぼしている．遺伝子レベルでのモニタリングにより，形態の違いでは区別しづらい同種個体の移動の実態を把握することが可能である．

海流も生物の移動経路として無視できない．たとえば，京都府北部の冠島では，奄美以南に分布する南方系の甲虫類が生息する．こうした隔離分布は，対馬暖流に乗った流木に起因するものと推定されている．和歌山県や高知県でも同様にしばしば南方系の昆虫が上陸するが，こちらは黒潮が関与していると考えられている．海洋を経た船舶による侵入生物の増加は指摘するまでもない．海は生物の移動経路となっている．

遷移は，群集の非周期的な変化を表す．これに対し，周期的な変化としては，森林における樹木の開葉と落葉や，それらに同調した昆虫群集の消長などの季

節的変化などがある．季節の変化はパッチの質の変化をもたらすため，生物には季節的な移動を必須とするものがある．渡り鳥はその好例である．カブラハバチのような小さな昆虫でも，山地（夏）と平地（春・秋）を移動して生活環をまっとうしているものは少なくない．また，完全生活環型の多くのアブラムシ類は，一次寄主としての木本植物と二次寄主である草本植物との間を往来することで生活環をまっとうしている．　　　　　　　　　　　　　〔中尾史郎〕

文　献

郷右近勝夫（2006）中国昆虫，**20**, 51-69.

郷右近勝夫・松本秀明（2010）昆虫と自然，**45**(10), 15-18.

御勢久右衛門（1993）底生生物の生態学的研究．河川の生態学（沼田真監修），築地書館, pp. 23-102.

御勢久右衛門（2002）大和吉野川の自然学，トンボ出版.

Gurr, G. M., Wratten, S. D. and Altieri M. A. eds.（2004）*Ecological engineering for pest management: advances in habitat manipulation for arthropods*, CSIRO Publishing.

林正美・宮武頼夫（2017）*Rostria*, **61**, 9-11.

Kamijo, K. and Takada, H.（1973）*Insecta Matsumurana. New series*, **2**, 39-76.

Lawson, S. P., Kennedy, K. B. and Rehan, S. M.（2020）*Ecological Entomology*.（https://onlinelibrary.wiley.com/doi/abs/10.1111/een.12955.）

Mathiasson, M. E. and Rehan, S. M.（2020）*Insect Conservation and Diversity*, **13**(6).（https://onlinelibrary.wiley.com/doi/abs/10.1111/icad.12429.）

Mitsch, W. J. and Jorgensen, S. E. eds.（2004）*Ecological engineering and ecosystem restoration*, John Wily & Sons.

中谷至伸・安永智秀・山田量崇（2017）*Rostria*, **61**, 45-50.

大串龍一（1981）水生昆虫の世界—流水の生態—，東海大学出版会.

Takada, H.（1973）*Insecta Matsumurana. New series*, **2**, 1-37.

竹門康弘（2005）日本生態学会誌，**55**, 189-197.

浦山咲音・松本けい・山道明奈・川下秀一・長嶋哲也・安永智秀（2019）*Rostria*, **63**, 77-84.

第4章
生　態　系

　生態系を構成する要素とその相互関係の理解は，生態系の保護，再生を行うための基礎知識となる．生態工学では，個別の生物種の保護を対象とする場合もあるが，個々の種の存続は，食物連鎖をはじめとする生物間の関係に加え，生物と，光・水・大気・土壌などの非生物的要素との相互作用からつくられる生息環境に支えられている．生態工学では，多くの場合，工学的手段によって，生物的要素と非生物的要素を操作し，環境の初期的な条件を整え，生態系の再構築を図る．そのためには再構築の過程における生態系の時空間的な変化（ダイナミクス）の理解が必要といえる．また，近年においては人間活動が生態系に最も大きな影響を与える要素となっており，人間と自然との調和，人間活動を取り込んだ持続的システムの構築が生態工学の課題となっている．

4.1　生態系とは何か

4.1.1　生態と系
　生態とは生物がどのようにして生きているか，すなわち生物の生活形態のことをいい，生態学（ecology）は“生物の生活に関する科学”といわれる．また生態学は，生物と環境との相互作用を取り扱う学問であり，生態学の研究の進展により，この相互作用は秩序をもったシステマティックなものであることが明らかとなってきている．すなわち，生態系（ecosystem）とは，相互作用を有する生物群と生息環境がなすシステム（系）であるといえる．

4.1.2　生物的要素と非生物的要素
　生態系は，生物種からなる生物的要素と光・大気・土壌・水などからなる非生物的要素から構成されており，両要素にまたがる物質循環とエネルギー転移

が営まれている.

　生物界において植物は生産者（producer）とよばれ，非生物界から二酸化炭素，水などの無機物を取り入れ，光エネルギーを用いて最初の有機炭素化合物であるグルコース（glucose）を生産する．そして炭素循環が開始される．光合成とよばれるこの作用の過程では，光エネルギーの化学エネルギーへの転移が行われている.

　動物は植物を捕食する．すなわち植物の生産物を消費するため消費者（consumer）とよばれる．動植物の排泄物や遺体は分解者（decomposer）とよばれる土壌動物や菌類などの腐生生物（saprotroph）によって分解され，最終的には無機物となり非生物要素に戻り循環が続けられる.

4.2　生物の役割と関係性

　地球上のあらゆる生物は他の生物と関係をもちながら生活（生育，生息）している．ある生物種が有している異種間との関係性は生態系における役割ととらえることができる.

4.2.1　食物連鎖

　食物連鎖（food chain）とは，生物間の「食べる／食べられる」の関係を表すものである．食べられる種は被食者（prey），食べる種は捕食者（predator）の役割をもつ．ただし，捕食者も他の種に食べられる被食者でもあるため，より上位の捕食者へと，この関係は連鎖する．この連鎖は1本の線だけでつながるものではなく，捕食者となる動物の多くが複数種の生物を食べ，被食者となる生物も複数種によって食べられるため，捕植／被食の関係は複雑な編み目を描くこととなり食物網（food web）ともよばれる.

　分解や排出されない物質は，食物連鎖によって捕食者に引き継がれ，連鎖が高次になるほど物質の濃度が高くなる．このような現象は生物濃縮（biological concentration）とよばれる．有機水銀やダイオキシンなどの有害物質も高濃度に濃縮されることが知られており，公害病とされる水俣病は有機水銀を濃縮した魚を食べたネコや人間が発症した.

図 4.1 生態ピラミッドの模式

4.2.2 生態ピラミッド

生産者である植物を捕食する草食動物を一次消費者という．草食動物を捕食する肉食動物は二次消費者，さらに肉食動物を捕食する高次消費者へと食物連鎖は続く．このような順位関係は栄養段階（trophic level）とよばれ，栄養段階の上位に位置する生物ほど個体数あるいは生物体量（biomass）は一般に小さくなる．この関係を模式的に示したものが生態ピラミッド（ecological pyramid）である（図 4.1）．実際の調査により生態ピラミッドを作成するとすれば，ピラミッドの階層数や高さ，底辺長は，調査対象とした生態系に応じて異なるものとなる．

良好な里地里山の環境をイメージするならば，生態ピラミッドの頂点に位置するのは，オオタカやサシバなどの猛禽類である．生態ピラミッドの頂点にいる生物は生息のために広い面積と多様な種の存在が必要であり，その存在は良好な里地里山の環境を指標する．生態系ピラミッドのどこかで発生した問題は，その影響が常に頂点に及ぶことから，頂点にいる生物は影響を最も受けやすい．したがって頂点にいる生物を守ることはその傘下の多様な種を守ることを意味する．頂点にいる生物はアンブレラ種（umbrella species）とよばれ，自然保護の活動では，しばしばその保全が目標とされる．

4.2.3　多様な生物間の関係性

"食べる／食べられる"の関係の他にも生物間には様々な関係性が存在する．その関係性を生物間相互作用（biological interaction）という．特定の生物種の保護や再生には，以下に述べる関係性の回復が必要となる場合がある．

a. 共生と寄生

異なる 2 種の生物が密接に結びついて生活していることを共生（symbiosis）といい，共生により両者が利益を得る場合を相利共生（mutualism），片方が利益を得る場合を片利共生（commensalism）という．片利共生において片方が損失を被る場合を寄生（parasitism）とよび，広い意味では共生に含まれる．すべての共生関係にあてはまるものではないが，生存には 2 種の存在が不可欠である場合があり，特に寄生の場合は寄生者（parasite）の生存に特異的な宿主（host）の存在が不可欠である．

共生関係の事例として，アリと共生するキマダラルリツバメがいる．大阪府の北端に位置してクリの産地として知られる能勢町は，尾状突起 4 本を有するキマダラルリツバメ（大阪府レッドリスト絶滅危惧 I 類）の府内唯一の生息地である．このチョウは好蟻性シジミチョウ類の 1 種で，ハシブトシリアゲアリに幼虫を託し蛹になるまで育ててもらう．このアリは樹上営巣性で，多層になった樹皮の隙間や枯死した幹に穴を掘り営巣する．能勢町ではクリの老木や腐れかかった切株が主な生息地である．キマダラルリツバメはクリの花から吸蜜し，クリの老木の根元に産卵するクリ園生態系の構成種である．能勢のクリ園は斜面を利用した小規模家族経営が多く，クリ園を廃業する農家が増えている．

このチョウを守るためには，共生するアリの営巣環境を維持しなければならず，そのためにはクリ園の存続が確実性の高い手段となる．キマダラルリツバメ保護のため市民団体がクリ園のボランティア管理を行いはじめている．

b. 花粉媒介

植物にとって他の個体からの受粉（pollination）による種子の生産は，遺伝子レベルの多様性を確保する重要な手段である．個体間の花粉の移動は，風や水，動物などを介して行われる．最も多いのは動物によるものであり，花粉を運ぶ動物を送粉者（pollinator）という．送粉者の大半は昆虫であり，植物の中には特定の昆虫に頼って受粉を行うものが多く存在する．

c. 営巣・繁殖環境の提供

生物界の構成要素である動物は，植物を食料とするだけではなく，植物から生存，繁殖に必要な営巣環境や塒（ねぐら）などの環境を得ている．樹洞は多様な生物の生活環境となっており，哺乳類ではヤマネ，コウモリ類，ムササビが樹洞を塒とし，ニホンリスは貯食地，テンは樹洞を，昆虫をとらえる捕食地として利用している．鳥類では，キツツキ類が樹洞内で子育てを行い，フクロウの仲間は昼の間の休憩地として利用している．

ある種のイトトンボは植物体内に産卵するため軟らかい茎をもった植物が必要であり，また多くのヤゴは蛹化するため水面上に飛び出す茎が必要である．

4.3　物 質 循 環

4.3.1　炭素循環と地球温暖化

炭素（C）は生態系に様々な形態で存在する．大気中の炭素は，主として二酸化炭素（CO_2）ガスとして存在しており，二酸化炭素ガスは地球温暖化に最も大きな影響を及ぼす温室効果ガスである．大気中の二酸化炭素は，光合成の過程で植物体内に吸収固定される．植物体内の炭素は，ほぼすべてが大気中の二酸化炭素に由来するものである．

光合成によって二酸化炭素中の炭素は，グルコース（$C_6H_{12}O_6$）に姿を変える．グルコースの一部は呼吸によって分解され，炭素は二酸化炭素となって大気に還元する．他のグルコースはセルロース（cellulose）やデンプン（starch）などの多糖類（$(C_6H_{10}O_5)_n$）に合成され植物体内に貯蔵される．セルロースは細胞壁の主要成分であり，木質化した植物体の大部分を構成する．植物体内の炭素は，捕食されることにより動物に移動し，最終的には呼吸により二酸化炭素ガスとなって大気中に戻る．また，木質化した植物の人間による燃料としての利用，つまり薪や木炭の利用は，燃焼により二酸化炭素を大気中に還元するが，緑化・植林などによって植生の再生とのバランスを図ることにより持続的利用が可能であり，再生可能エネルギー（renewable energy）とよばれる．以上は緑色植物を中心とした，地上生態系の炭素循環である．このような循環は海洋生態系にもあり，さらに大気と海水間での炭素の移動が水循環などを通じ

て発生する.

　上記の循環から切り離され，地中に蓄積されたものが石炭と石油の炭素である．これらは生物に由来するものであり，化石燃料（fossil fuel）とよばれる．また，サンゴに由来する石灰岩には炭酸カルシウム（$CaCO_3$）の形状で多量の炭素が含まれている．化石燃料の使用や石灰岩からのセメント製造，および開発による森林の減少は，大気中の二酸化炭素濃度を上昇させ地球温暖化の原因となっている．

4.3.2　水循環と流域

　陸地に降り注ぐ雨は，地表水あるいは地下水となって海へと流下する．地表水は沢を作り，渓流となって谷を削り，合流して川となる．川の水は絶えず土砂を移動させながら大河となり海へ向かう．高地から低地へと向かう水の動きは同時に地形を形成する営力となっている．このような液体としての水の動きに加え，水は熱を得れば水蒸気となり，雲を作り降雨をもたらす．

　降り注いだ雨がひとつの川となって集まる範囲を流域（basin）という．流域は水循環系の把握単位であるとともに生態系を支える地形構造の基本単位としても扱われる．

　流域は分水界となる山にかこまれた範囲であり，連続した川のネットワークである水系により結ばれた区域である．流域内は，水により創出された様々な環境を利用する生物の生息地となっており，それらの生きものは流域共同体としての性格を有している．人間も生活用水，産業用水を求めて水を利用しやすい場所を居住地としてきており，水の不足，汚染などの問題には，流域全体を対象とした検討が有効と考えられている．

　水系全体を含む大きな流域は，支川を単位とした小さい流域に分割することが可能であり，二次支川を単位とすれば，より小さい流域へと分割ができる（図4.2）．

4.4　生態系のダイナミクス

　生態系は常に変化している．一見，変化がないようにみえる環境であっても，

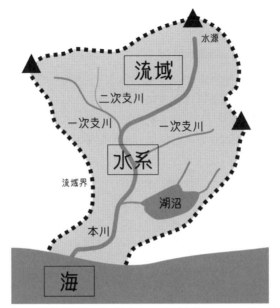

図4.2 水系と流域の概念（建設省河川局治水課, 1999；一部改変）

人間が認識できない時間単位での変化があったり，動的な平衡状態が保たれていることが多い.

4.4.1 遷　移

遷移（succession）とは生物群集の変遷を意味する言葉である．植物の群集（群落）の変遷は植生遷移とよばれ，わが国のように気温と降雨に恵まれた気候条件のもとでは，裸地に植物が侵入し，草原から森林へと，長い年月をかけて変化していく．裸地から森林までの道筋は，たとえば，海底火山の噴火により生じた溶岩の新島では，コケの侵入にはじまり，草原の形成，木本の侵入，樹林の形成，最終的な樹林の形成へと進む．最終的な樹林は極相林（climax forest）とよばれ，極相林では相観と種組成の変化が見られなくなる．極相林でも老木はいずれ枯死するが，生じたギャップは亜高木層や低木層の後継樹によって修復されるのでみかけ上の変化がない状態となる．また，群落の成長は，土壌の形成と連動して進展する．そして，植生の遷移に伴い，そこに生息する動物も，

草原性，林縁性，森林性へと変化する．

4.4.2　一次遷移と二次遷移

　上述した遷移は，火山の噴火などによって生じた溶岩のような土壌が皆無な状態から始まるものであり，これを一次遷移という．一方，人間の活動は，極相林あるいは一次遷移の途中段階の群落に対して様々な影響を与える．たとえば，萱葺屋根の材料を採るために毎年ススキを刈り，火を入れたり，あるいは，薪や炭の材料を得るためにクヌギやコナラの森を十数年に一度伐採する．こういった行為は遷移の進行に対する干渉であり撹乱（disturbance）とよばれる．

　撹乱には人為的なものに限らず，山火事や洪水など自然の撹乱もある．撹乱により遷移は一時的に停滞したり退行したりする．その後，再び遷移は開始されるが，土壌などの環境はすでに存在しているので一次遷移と同じ道のりはたどらないため，二次遷移とよばれる．二次遷移の過程において出現する植生には二次林，二次草原がある．

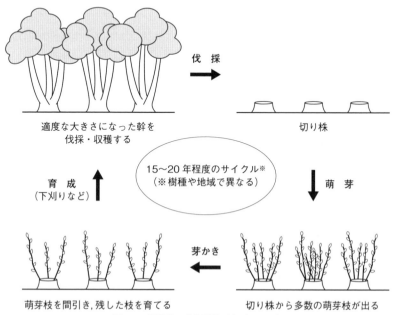

図 4.3　薪炭林の萌芽更新（今西，2021）

4.4.3　人為的撹乱と里山林生態系

現在のわが国において自然植生（natural vegetation）はわずかしか存在しておらず，身近に目にできるものは，ほとんどが自然植生が人為によって置き換えられた代償植生（substitutional vegetation）である．代償植生であっても生物多様性の保全の観点から重要な価値を有するものがあり，里山林の植生もその1つである．里山林は人の利用・管理という人為的撹乱により成立しているものであり，代表的な森林であるクヌギ・コナラ薪炭林で行われる萌芽更新（図4.3）は，人により動的平衡状態が維持されており，持続可能な開発のSATOYAMA イニシアティブとして世界に紹介されている．　　　〔藤原宣夫〕

文　献

巌佐庸・松本忠夫・菊沢喜八郎・日本生態学会編（2003）生態学事典，共立出版.

今西純一（2021）生態系の計画，造園学概論（亀山章監修，小野良平・一ノ瀬友博編），朝倉書店，pp. 102-120.

神奈川県都市部都市公園課企画編（1998）みんなで林を育てよう―かながわの里山手入れハンドブック―，神奈川県.

町田市都市緑政部公園緑地課（2000）まちだエコプラン，町田市.

沼田真編（1969）図説 植物生態学，朝倉書店.

鷲谷いづみ・矢原徹一（1996）保全生態学入門，文一総合出版.

ウェブサイト

建設省河川局治水課（1999）河川に関する用語，国土交通省ホームページ（https://www.mlit.go.jp/river/pamphlet_jirei/kasen/jiten/yougo/01.htm　2021 年 3 月 31 日確認）

第5章
生きものの情報と分析・評価

　生態工学の手法によって創出された自然環境は，事業を行う前と比較してどのように変化したか？　目標とした状態と比較してどのような状態にあるか？　生きものの状態を分析・評価することは，事業の妥当性を客観的に判断し，将来の当該事業および類似の事業をよりよくするために重要である.

　生物多様性に関連する生きものの指標としてまず思いつくのは，種数の多寡であろう．種数の情報は直感的に理解しやすいというメリットがある．しかし，種数に注目するだけでは，そこにどのような生物が生息していたのか，あるいは個体数など各生物の量がどうであったのかが不明である．一方，複数の生物種や個々の生物種の量を考慮すると，複雑な解析が必要となり，得られた結果の直感的な理解は難しくなっていく．分析・評価は科学的に適切な方法に則って行う必要がある．本章では，生きものがもつ情報を正しく理解するために必要となる調査・分析・評価方法について述べる.

5.1　生きものの多様性のとらえ方

　種多様性（species diversity）とは，ある地域や生息地に含まれる種組成の多様さを意味する．ある地域や生息地に含まれる種数のことを「種の豊富さ（species richness）」という．種数が多いほど「種組成は多様である」ということができる．一方，同じ種数であっても種あたりの相対量が均等である場合には，相対量が均等でない場合と比較して種多様性に富んでいると考える．均等さを示す尺度を均等度（evenness）という．このように種多様性は「種の豊富さ」と「出現種の相対量の均等さ」という2つの異なる要素を含んだ概念である.

5.1.1　種の豊富さの階層性

　生物多様性には，遺伝子レベルの多様性，種レベルの多様性，生態系レベル
の多様性という3つの側面がある（第2章2.2節参照）．このうち，種レベルの
多様性と生態系レベルの多様性は，α多様性，β多様性，γ多様性に置き換えて
考えることができる．ある地域が複数の生息地からなる場合，全生息地の種の
豊富さは，1つの生息地内の種組成の多様性と，生息地間での種組成の違いを
合わせたものである．全生息地の多様性をγ多様性，1つの生息地の多様性を
α多様性，生息地間の種組成の違いをβ多様性という．

a. α多様性

　ある地域に生息するすべての種，もしくはある近縁なグループの種の総体を
群集（community）という．α多様性は，特定の群集を構成する生物の種多様
性を指し，局所的あるいは小面積の種多様性ともいいかえられる．たとえば植
物を対象に，コドラート法を用いる場合には，特定の面積に生育する種数をα
多様性とする．コドラート法は，ある一定の四角形の区画を設定し，その中に
生息する生物相を調査する方法で，森林を調査する場合には$10 \times 10 \, \mathrm{m}^2$，草地
の場合には$1 \times 1 \, \mathrm{m}^2$の方形区がよく使われる．その際，調査面積を統一するこ
とでα多様性の値をコドラート間で比較することができる．α多様性を小面積
で測定する場合，内部の立地環境はほぼ均質でなくてはならない．これは，異
なる環境が混在すると，出現する種もそれに応じて変化していくので，面積あ
たりの種数，すなわちα多様性を他と比較することが困難となるためである．

b. β多様性

　β多様性は，群集間もしくは地域間において，どのくらい多様性が異なるの
かを数値で評価したものである．空間の不均質性の指標であるβ多様性の算出
方法や詳細な定義は多岐にわたる．最初にβ多様性を提案したウィタカー
（Whittaker, 1960）は，γ多様性をα多様性で除した値で乗法的にβ多様性を
定義した．その後，γ多様性からα多様性を差し引いて加法的に考える方法も
提示された．α, β, γ多様性を加法分割すれば，それらを直接比較し，直感的
に理解しやすくなる．図5.1に，新潟県の棚田で実施された植生調査データに
もとづき，加法分割を用いてα, β, γ多様性の関係を整理した事例を示す．

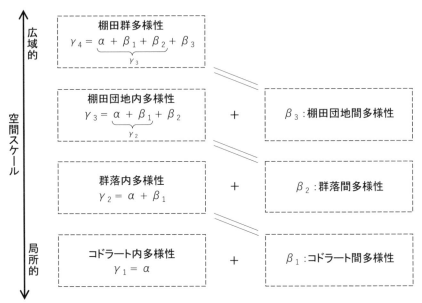

図 5.1　空間スケールごとの多様性の概念（山田ほか，2011；一部改変）

最も局所的空間スケールであるコドラート内多様性（$\gamma_1 = \alpha$）は，コドラートごとの平均種数である．γ_1 とコドラート間多様性（β_1）との和が，一段上位の群落内多様性（γ_2）となる．γ_2 は，1 m おきに設置した 5 つのコドラートのデータをプールした種数（5 つのコドラートに 1 回以上出現した種の数）の平均値である．

c. γ 多様性

　ある地域に生息するすべての種の多様性を γ 多様性という．たとえば地域内にある植物群落全体——すなわち草原，森林，湿地などで少なくとも 1 度は記録された種の総数などがこれにあたる．

5.1.2　多様度指数

　α, β, γ 多様性には種の在・不在のみを考慮するものと，各出現種の相対的な存在量を考慮するものの 2 つがあり，それらを評価するものとして様々な多様度指数（diversity index）が提案されている．なかでも，シャノン-ウィーナーの多様度指数（H'）や，シンプソンの多様度指数（D）はよく使われる指数である．これらは「種の豊富さ」に加え，「出現種の相対的な量」の情報を含む

点が特徴である.

シャノン–ウィーナーの多様度指数は,次の式で計算される.

$$H' = -\sum_{i=1}^{S} P_i \times \log_2 P_i \quad (S は総種数を示す)$$

P_i は,各出現種の相対量を割合で示した数値であり,植生調査の場合には,相対優占度などを用いることができる.対数の計算の際,慣習上 2 を底とすることが多いが,自然対数でも常用対数でも,底を明示しさえすれば使用可能である.底に依存して値自体が変動するため,複数の地点の値を比較する際には底が統一されている必要がある.H' は数値が大きいほど多様性が高いことを示し,種数が多いほど,また出現種の存在量が均質であるほど高い値をとる.

シンプソンの多様度指数は以下のように算出される.

$$D = \sum_{i=1}^{S} (P_i)^2 \quad (S は総種数を示す)$$

D が増加すると多様性は減少する.そのため,生物多様性の指標として使う場合には,$1-D$ や $1/D$ を示すことが多い.H' では群集中の希少種の種数の変化が指数の大小に影響しやすく,D では優占種の優占度の変化が指数の大小に影響しやすいという特徴があり,長谷川(2020)のまとめによれば,群集の状態を把握するためには両方のタイプの指数の併用が勧められるという.

5.2 科学的データを得るための生きもの調査の配慮事項

5.2.1 標本調査

空間的に広がりをもつ場所のすべてを調査することは現実的に難しいことが多い.そのため,野外での群集データの収集においては,あらかじめ決められた一定面積を調査区とし,全体像の把握を試みる.これを標本調査(sample survey)とよぶ.

群集データの収集で広く用いられるコドラート法の場合には,コドラートのサイズが基本的な問題となる.植生調査を行う場合には,種数面積曲線を描くことによって調査サイズを決定するが,経験的には群落高を一辺とするサイズをコドラートの大きさの目安とする.これに従えば,樹高が 10 m の樹林では

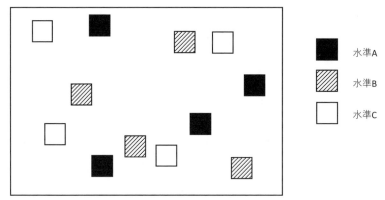

図 5.2　ランダムに配置された調査区のデザイン
3 水準の処理レベル（A～C）が 4 反復で設定されている.

一辺 10 m のコドラートを，草高 2 m の高茎草本群落であれば一辺 2 m のコド
ラートを，草高数十 cm の低茎草本群落であれば一辺数十 cm のコドラートを
設置することとなる.

　コドラートにおける植生調査項目としてよく用いられるのは被度，草高，個
体数，植物重量（乾燥重量）などである. 被度は，目視により簡便に計測でき
るため，最も一般的な測定項目である. ただし，個体数などに比べると，調査
者の感覚に左右され，客観性を欠くことが問題視される場合がある. そのため，
一連の調査は一人の調査者によって実施し，調査者の違いによる被度の差が生
じないようにするか，複数人で調査を実施する際には数値を相互にチェックす
ることが望ましい.

　各植物群落の周縁部は，別の植物群落への移行帯となり，別の植物群落に生
育する種が移入しやすくなるため，特別な理由がない限り，調査対象からは除
外する. 単一の群集内で複数箇所のコドラートを配置する場合，調査区は可能
な限り無作為化して，ランダムに設置することが望ましい（図 5.2）. しかしな
がら，ランダムにコドラートを配置して調査を実施するのは労力がかかる. そ
のため，一定の間隔で調査区を系統的に配置することも多い. 光環境，水分条
件などの環境属性と生物データとの対応を解明したい場合には，調査努力量を
軽減するため，注目する立地条件について差異を有する地点をあえて調査地点

に選ぶこともある.

5.2.2　実験計画法

　野外では，環境属性が場所によって異なるため，生物種や生物群集の変動要因を簡単に特定できないことが多い.しかし1つまたは2〜3の環境属性に注目し，それ以外の環境属性を均質化すれば，生物種の変動要因をより明確に特定できるようになる.効率のよいデータの採取方法を選択する方法は「実験計画法（experimental design）」として規格化されている.実験計画法による野外試験は，圃場栽培試験を行う作物学はもちろん，復元生態学，植生管理学などでも世界的に実施されている.生態工学分野でも，積極的にこの概念を取り入れた試験を行う必要がある.

　刈り取り頻度が植生に及ぼす影響を実験的に解明する場合を考える.具体的な刈り取り処理を1回刈り，2回刈り，刈り取りなしの3タイプ設けた場合，刈り取り処理のことを「要因（または因子）」，刈り取りなしから3回刈りまでの具体的な刈り取り処理の内容のことを「水準」とよぶ.

　たとえ同じ処理を施したとしても，異なる場所や試験を異なるタイミングで実施した場合，まったく同じ植生の変化が確認されることはまずない.1回しか実験をしていなければ，測定値に違いがあってもそれが本来の処理の効果なのか，意図した効果以外の様々な要因による不可避的なばらつきなのかの判別がつかない.そこで，不可避的なばらつきの度合いを把握するため，同じ処理を複数の場所に配置する.これを「反復（replication）の原則」といい，ばらつきのことを「誤差（error）」という.必要な反復数はデータがもつ誤差の大きさと，検出したい差の大きさによって決まる.反復を増やすことで平均値の信頼性が増し，推定の精度が向上するが，反復数を多くとると実験規模が膨大になるため，反復数の設定に関しては慎重な判断が必要である.筆者の経験では，生態工学分野において野外の植生管理に関する試験を行う場合，反復は4以上とすることが望ましい.反復を設定する際には，試験区自体を複数用意する.同一試験区内から複数回サンプリングを行うことは疑似反復といい，避けなければならない（図5.3）.

　試験区の反復は，原則的に調査地にランダムに割り当てる.これを「無作為

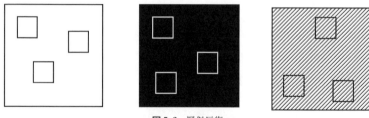

図5.3 疑似反復
調査区が繰り返されておらず，各調査区の中に複数のコドラートが設置されているため，
正しい反復とはみなされない．白，黒，灰色の違いは水準の違いを示す．

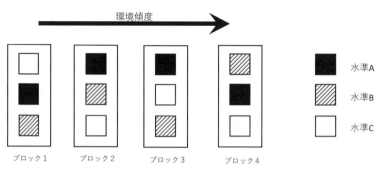

図5.4 乱塊法の試験デザイン
左から右に環境傾度が存在する場合，環境条件が等しいとみなせる範囲でブロックを作り，
その中で一通りの処理区を配置する．

化（randomization）」という．一方，さまざまな制約のため，特に多数の要因
や水準を設定する際には，試験区を完全に無作為化して配置できないことも多
い．一部の要因ができるだけ均一化されるように制御し，それ以外の要因のみ
を操作することを「局所管理（local control）の原則」とよぶ．たとえば，もと
もと環境傾度をもった場が均一な状態になるようにあらかじめ適切なサイズの
ブロックに分け，ブロックの中で試験順序をランダムに決める方法がある（図
5.4）．これを乱塊法（randomized block design）という．

　また，2つまたはそれ以上の要因を含む実験計画において，水準変更が容易
でない要因があれば，その要因の水準を決定したら，その中で，残りの要因の
水準を変更して実験したほうが，効率が上がる．このように実験をいくつかの

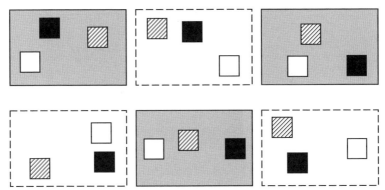

図5.5　分割法の試験区デザイン
刈り取りと施肥の影響を調査するための試験区の例を示す．大枠の6調査区で施肥の影響を調べており，灰色は施肥区，点線は無施肥区を示す．施肥の影響が周辺に及ぶ恐れがあるため，大枠の単位で調査区を設けている．各調査区の中に2回刈り（黒），1回刈り（斜線），刈り取りなし（白）のサブ調査区を設置している．

段階に分け，各段階で順序を無作為化して実験の効率化を図る方法を分割法（split-plot design）とよぶ（図5.5）．「反復」，「無作為化」，「局所管理」は，フィッシャーの3原則とよばれ，実験計画法の根幹をなす重要な概念である．

5.3　生きものデータの分析手法

5.3.1　2群間および多群間の平均値の比較

　生きもののデータを分析する際，しばしば各処理区における平均値に差があるか調べたり，あるいは過去のデータと現在のデータの平均値を比較することが必要となる．2つの処理条件において平均値の統計的差異を判定できるt検定は，最も基本的な統計解析手法の1つである．t検定は，解析対象のデータが正規分布をし，等分散性も保証されていることを前提とする．この前提を担保できない場合には，一切の分布を仮定しないノンパラメトリックな手法が用いられる．

a. 多重比較法

　3群以上のデータ群の間の平均値の大小を比較する場合，2群のペアを総当たりで比較し，t検定を繰り返し実施して統計的差異を確認したくなる．しかし，

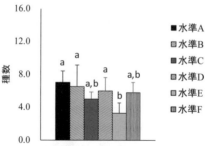

図5.6　多重比較結果のグラフ表記例（山田・根本，2020；一部改変）
データは，6つの水準を4反復で実施した調査区における出現種数を示す．エラー
バーは標準偏差を示す．多重比較にはテューキー法を用い，図中の異なるアル
ファベット間には有意差（$p<0.05$）があることを示す．アルファベットの振り方に
ついては，平均値の大きい（あるいは小さい）処理から a，b とアルファベットを
つける方法，棒グラフの左から a，b と割り振る方法など，いくつかの方法がある．

比較する回数が増えれば増えるほど，本当は差がないにもかかわらず誤って差
があると判定してしまう可能性が上昇する．むやみに t 検定の回数を増やせば，
本当は存在しないなんらかの処理の効果を，あるものとしてしまう恐れがある．
そこで，比較の回数も考慮して一連の検定を行う手法が，多重比較法（multiple
comparison procedure）である．

　パラメトリックな多重比較法の代表格には，テューキー法，ダネット法，ウ
ィリアムズ法，シェッフェ法などがある．さらには，簡便で様々な場面で用い
ることのできるパラメトリックな手法としてボンフェローニ法やホルム法など
が存在する．ボンフェローニ法やホルム法は統計的な有意性の指標である p 値
が厳しく判定される方法であるが，こうした保守的な手法でも仮説が支持される
ようであれば，これらの方法で解釈を進めて問題はない．ノンパラメトリック
な多重比較法の代表格には，スティール-ドゥワス法，スティール法，シャーリ
ー-ウィリアムズ法などがあげられる．

　図5.6に多重比較の結果を図示した．棒グラフのそれぞれの棒の上に示され
たアルファベットの文字が，各処理間の数値の有意差の有無を示す．異なるア
ルファベット間には有意差がある．すなわち，a の処理は b の処理と有意差が
あること，a，b の処理は a の処理とも b の処理とも有意差がないことを示す．

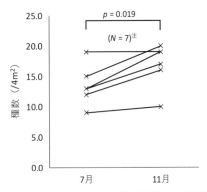

図 5.7 対応のあるデータの例（山田ほか，2021）

アズマネザサ刈り取り区における 7 月と 11 月の出現植物種数の変化を示す．対応のある
t 検定を実行すると，5%水準で 7 月と比べ 11 月の種数が有意に増加するという結果が得
られた．対応の情報を含めない，通常の t 検定を行うと，有意差が出ず（$p = 0.174$），関
係性を見誤る可能性がある．

　注：2 つの調査区における種数はともに 7 月に 9 種，11 月に 10 種となったため，地点
数が 6 点にみえる．

b. 経年データ

同一試験区で複数年のデータを得ており，データの経年変化の傾向を把握す
る際には，対応のあるデータとして検定を行う．図 5.7 に示したように，同じ
数値がデータとして得られたとしても，対応関係を想定していない場合と比べ
て有意差が検出されやすくなることがある．

c. 一般化線形モデル

現実の生物データは，個体数のように正の値，しかも整数値しかもたない変
数や，在・不在のように 1 か 0 かの 2 値をとる変数など，正規性や等分散性を
仮定できないデータも多い．一方，ノンパラメトリックな統計手法が必ずしも
全能でないことも明らかになっている．一般化線形モデル（generalized linear
model：GLM）は，個体数のように正の整数値のみをとる変数から，在・不在
のように 2 値のみをとる変数まで様々なタイプの目的変数を扱うことのできる
汎用性の高い手法として，近年，利用例が増えた．具体的には，正規分布のみ
ならず，複数の分布族（family）に対応できる点，また非線形の現象を容易に
扱える点などで，すぐれている．

　これらの解析は，フリーソフトである R において，glm という関数を用いて実行できる．R は，一般化線形モデル以外にも，様々なタイプの回帰分析や，分散分析，共分散分析，上述した多重比較などの各方法を実行できる有用なソフトウェアである．そのため，R を用いた生物データの解析の重要性は，今後も増していくであろう．一般化線形モデルについての詳細は粕谷（2012），久保（2012）などを参照されたい．

5.3.2　多変量解析

　野外で得られた生物群集データを用いて，各調査地間の関係性や，立地との関係性を整理する方法に多変量解析（multivariate analysis）がある．多変量解析には分類と序列化が知られる．分類は，データをいくつかの類似したグループにグルーピングするものである．分類を行うことで，グループごとの種組成や環境条件の特徴を容易に把握することができる．一方，種組成の類似性やそれを支配する環境傾度など，一定の基準によって生物データの資料を並べることを序列化という．多変量解析では，たとえば多地点の出現種のデータセットに対し，序列化手法を適用することで，地点間の種組成の変化の系列を散布図上に明示することができる．このとき，各地点の環境条件をあわせて測定していれば，種組成の変化と対応する環境条件を，両者の相関関係から推定できる．

　分類手法は生物データが不連続に存在すること，序列化手法はデータが連続的に存在することを前提としている点で対照的な解析方法であるが，必要に応じて両者を併用しながら解析が進められる．これまでは有償のソフトウェア（たとえば PC-ORD や CANOCO）を用いて解析が実行されてきたが，ここでもフリーソフト R で多くの解析を実行できるようになっている．

a.　分　類

　一般に序列化よりも分類（classification）のほうが，ばらつきやノイズの大きなデータに対応しやすいとされる（加藤，1995）．分類には，似ている群集をまとめていく結合型分類と，似ていない群集を分割していく分割型分類が存在する．

1）階層的クラスター分類

　これは，サンプル間の類似度指数を計算し，最も似ているサンプルから順次

集めて樹形図といわれるクラスターをつくっていく結合型分類の方法である.地点間の群集組成の相違の計算方法と,それにもとづきデータをクラスターにまとめあげていく方法については,様々な分類方式が存在する.クラスタリングの実用的で優れた方法として,ウォード法が広く用いられている.個別の手法の解説は小林(1995)や佐々木ら(2015)を参照されたい.

2) TWINSPAN

クラスター分析とは逆に,全体を異なるものに分割していく分割型分類の1つが TWINSPAN である.TWINSPAN は群集生態学において 1970 年代から盛んに用いられてきた.TWINSPAN では,量的データを活かすために仮想種が作成され,それにより量的データが質的データに変換されて分割が行われる.地点の分割と種の分割を同時に実行する点で,データの解釈がしやすい手法である.

b. 序列化

序列化(ordination)手法は大きく2つに分けられる.1つは,間接傾度分析といわれ,種組成データそのものを要約し,軸上に展開する.もう1つは直接傾度分析といわれ,特定の環境傾度と強い関連性をもった座標軸を求め,その軸の値の変化に伴って群集組成がどのように変化していくかを明らかにする方法である.直接傾度分析では,群集組成が実際に影響を受けている要因の値が計測されていない場合には適切な軸を作れず,誤った結果を導く可能性がある.一方,間接傾度分析は種組成のデータのみから序列化を行うため,そういった危険はない.種組成の変化を引き起こす要因が明確な場合には直接傾度分析が適しており,そうでない場合には間接傾度分析を用いるほうがよい(加藤,1995).

生物群集の多変量解析に際して,後述の PCA のような一般的な手法の適用には限界がある.それは,生物群集の種組成データに不可避的に伴う非線形性のためである(図5.8).たとえば,環境条件の変化を示す諸量と個々の種の個体数あるいは現存量の関係は,直線では近似できず,非線形の関係性があることが多い.そこで,非線形の生物群集のデータセットに耐えうるような手法がいくつも開発されてきた.環境傾度の大きな立地からデータを得た場合,生物種の量は,環境傾度の中間点で多く,その両端では少なくなる.環境傾度にそ

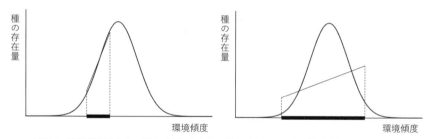

図 5.8　環境傾度が小さい場合（左）と大きい場合（右）における線形近似のあてはまり
　　環境傾度が小さい左の場合，線形近似によるあてはまりがよい．環境傾度が大きいと，傾度
　　の途中で調査対象種の存在量が最大となり，環境傾度の両端で低い値を示すため，線形近似
　　のあてはまりが悪くなる．

った種の量の反応がこのようなパタンを示す場合，一山型のモデルを前提とし
た手法が適する．一方，環境傾度の幅を一山型よりも短くとると，環境傾度の
一端からもう片方の端まで直線的に増加または減少するモデルを想定すること
ができる．この場合，環境軸に対する種の量の反応は線形を仮定するほうがあ
てはまりがよい．分析の際に用いるモデルによって，多数の序列化手法が知ら
れる．

1) 主成分分析（principal components analysis：PCA）
　PCA は，生態学のみならず幅広い分野で用いられている．線形モデルによる
手法であり，種組成の変化の幅が小さい場合には優れた序列化手法である．

2) 除歪対応分析（detrended correspondence analysis：DCA）
　DCA は，反復平均法（RA，別名 CA）を応用して作られた．CA では種組成
を用いて地点を序列化すると同時に，出現地点を用いて種を序列化するので，
地点と種の序列を同時に得ることができる．DCA では，CA で指摘されていた
第一軸に対する序列が第二軸に対して歪むという問題点を補正し改良した．
DCA は，生物群集の解析手法として最も広く利用されている序列化手法の1つ
であり，一山型の反応モデルを前提とする手法である．まず DCA で序列化を
行い，結果として得られる傾度の長さ（gradient length）が3または4よりも
長ければ DCA を，短い場合には PCA を用いたほうがよいとされる．なお，共
通種が1種も存在しないような種組成に関する異質性をもつデータセットの場
合に gradient length が4になる．

3) 非計量多次元尺度法（non-metric multidimensional scaling：NMDS）

NMDS（あるいは単に MDS）は，PCA や DCA とは異なり，種の反応のモデルを前提としない多変量解析である．PCA や DCA よりも計算が複雑であるため，かつては利用例が少なかったが，近年ではこの問題は解決されているため，利用は盛んになっている．

4) 正準対応分析（canonical correspondence analysis：CCA）

CCA は，複数の環境変数を考慮して調査地点間の種組成の変化を説明するように座標づけを行う手法で，直接傾度分析手法の1つである．一山型の反応モデルを前提とする手法である．

5) 冗長分析（redundancy analysis：RDA）

CCA が CA と重回帰分析を組み合わせた方法であるのに対し，RDA は PCA に重回帰分析を組み合わせた直接傾度分析方法である．

5.4 生物データの評価手法

生物データから有用な情報を効率よく得るためには，出現種を機能群（functional type）に分けることも有効である．機能群とは，生態系において特定の役割を果たす生物種のグループをさす．植物であれば一年草，多年草，木本といった生活史特性，双子葉と単子葉の別，種子散布タイプ，開花時期など，動物であれば肉食性と草食性などがあてはまる．たとえば，一年草の種数が増加傾向を示す場合，調査対象地の撹乱の程度が徐々に大きくなっていることが推測できる．また，以下にあげる特徴的な種に注目することも重要である．

優占種（dominant species）： 群集中で存在量の多い種を優占種という．優占種はそこに生息する多くの生物にすみかや餌資源を与え，逆に光資源などの資源を独占することを通して，群集内の他種の個体数や種組成に強く影響する．

キーストーン種（keystone species）： 生物量が少ない割に群集構造に強い影響を及ぼす種をさす．ビーバーのように巣穴を作る際に周辺環境を大きく変え，出現種を変化させうる種などが知られる．

絶滅危惧種（threatened species, endangered species）： 絶滅の危機にある生物種．日本では，環境省が全国的に絶滅の危機にある生物種のリストが作られており，これをレッドリストという．日本のレッドリストは，国際自然保護連合

（International Union for Conservation：IUCN）が作成したレッドリストの評価
基準やカテゴリを参考に作成された．レッドリストは毎年，改定が行われており，
これに掲載された種のうち，絶滅危惧種Ⅰ類およびⅡ類に評価される種を絶滅危
惧種とする．レッドリストは各都道府県などにおいても作成されている．

　本章では，生物の群集構造と環境属性の関係解明に役立つ解析・評価手法を
紹介した．ただし現実には，ある生物種にとって環境が好適な場所に，その生
物が生息しないことも少なくない．その一因に，親個体が近くに存在しないな
どの理由でたまたまその生物がそこに侵入できないことも想定できる．逆に，
親個体の近くでは子個体は存在しやすいであろう．こうした現象は「空間的自
己相関（spatial autocorrelation）」といわれる．一方，環境が劣化して，ある種
にとって不適な生息条件となった場にも，一時的にはその生物種が残存する状
況もあり，この場合にも生きものの分布と環境属性の値との対応関係は希薄に
なる．環境条件にもとづく非生物的な要因のみならず，生物の移動分散や寿命
に伴って発生する生物的な要因も生物の分布特性を規定する．それらを生物分
布の解析に加味することも，今後は求められるであろう．　　　　〔山田　晋〕

文　献

長谷川元洋（2020）群集構造を記述するモデルと指数，生物群集を理解する（大串隆之・近藤
　倫生・難波利幸編），京都大学学術出版会，pp. 253-293.

粕谷英一（2012）Rで学ぶデータサイエンス 10　一般化線形モデル，共立出版.

加藤和弘（1995）環境科学会誌，**8**, 339-352.

小林四郎（1995）生物群集の多変量解析，蒼樹書房.

久保拓弥（2012）データ解析のための統計モデリング入門，岩波書店.

佐々木雄大・小山明日香・小柳知代・古川拓哉・内田圭（2015）植物群集の構造と多様性の
　解析，共立出版.

Whittaker, R. H.（1960）*Oregon and California. Ecological Monographs*, **30**, 279-338.

山田晋・根本正之（2020）ランドスケープ研究，**83**, 731-736.

山田晋・小柳知代・米澤健一・北川淑子（2011）2011 年度農村計画学会春期大会学術研究発
　表会要旨集，38-39.

山田晋・三井裕樹・高岸慧・宮本太（2021）ランドスケープ研究，**84**, 693-698.

第6章

インパクトと反応

6.1 土地改変や構造物による生息地の量的・質的変化

6.1.1 生息地の消失・分断化

この地球上で生物が生存し続けるためには，それぞれの種ごとに生息地（habitat）が存在することが不可欠である．一般に，植物には生育地，動物には生息地という用語が使われるが，本章では特にことわりのない限り，野生生物が生存できる空間のことを生息地とよぶ．

開発による土地改変あるいは植生の改変によって，それまで存在していた生息地が失われることを生息地の消失（habitat loss）という．この開発には，都市整備，道路・鉄道・河川・海岸整備，リゾート・アミューズメント施設整備などにおける切土・盛土によって地形を変える事業に加え，土地改変のない山林伐採なども含まれる．ある生物種にとって，地球上のすべての生息地が消失すると，絶滅に至る．特に絶滅危惧種や希少種の生息地の消失はその種の存亡にかかわるため，慎重な保全対策が必要である．また，消失はしなくとも，面積が減ることで生息地として機能しなくなることがある．これは生きものが生活するうえでは，採餌・繁殖・休息・越冬といった行動圏に一定の面積が必要なためである．たとえば，ツキノワグマの行動圏は $200\,\mathrm{km}^2$ 以上であり，ホンドタヌキは $0.5\sim5\,\mathrm{km}^2$ 程度，ニホンイシガメは $0.05\,\mathrm{km}^2$ 程度である．また，個体レベルで生活圏の面積が保たれていても，個体群の存続に必要な最小面積（minimum viable area：MVA）を下回った場合，長期的にはその個体群は絶滅に向かう．このように，それぞれの生物種が野生下で絶滅せずにいるためには，生息地——すなわち生息に適した環境がまとまって十分な量で存在することが条件となる．

　開発などにより，生息地がこま切れになることを生息地の分断化（habitat fragmentation）という．分断化されることによって，個々の生息地の面積は小さくなり，結果として生息地として機能しなくなる．これは高次捕食者など，個体群の持続のために，より広い面積を必要とする種ほど影響を受けやすい．分断化が進み，周りにある生息地との間隔が伸びることで行き来がしにくい状態になることを生息地の孤立化（habitat isolation）という．都市化が進んだ市街地の中に，ポツンと取り残された社寺林などが，その代表例である．孤立化すると周囲の生息地からの種の供給がほとんど得られない．そのため，孤立化した生息地での種の欠落，すなわち局所的な絶滅が一度生じてしまうと，回復が困難となる．

　このような孤立化した生息地を大海に浮かぶ島に見立て，島の生物地理学の種数平衡モデルをあてはめると，孤立化した生息地の状況を理解しやすくなる．このモデルでは小さな孤島ほど既存種の絶滅率が高く，種の供給源となる大陸から遠く離れた孤島ほど新たな種の移入率が低くなる．これは，島の面積と周りから種が供給される頻度・確率によって，島内の種数が決まるという理論である．都市内の孤立化した緑地は，規模に応じた絶滅リスクが常に生じているため，種の供給が不可欠であり，より大きな面積を確保すること，周囲の生息地からの移入をしやすくすることなどが種の欠落を防ぐのに効果的である．

　ただし陸域生態系の場合，実際には大海に相当する部分に中継地となる小さな生息地が残る場合も多く，このモデルをそのまま適応できるとは限らない

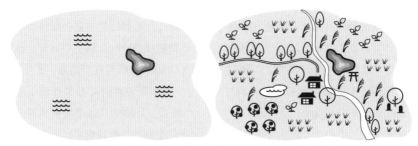

図 6.1　大海上の孤島（左）と陸域の孤立的な樹林地（右）の違い
太線内が，生息地を示す．生息地の周辺に多様な空間が存在する場合（右）には，生息地への移動経路が存在し，孤立化の度合いが弱まることがある．

（図 6.1）．なぜなら，移動経路となるような小さな生息地を点々と伝って種の供給が生じることも想定されるからである．陸域の生息地の孤立化の程度は，移動経路となりうる空間の分布状態も含めて判断する必要がある．

6.1.2　分断化に伴う境界部の性質変化

ある生態系の縁辺部をエッジとよぶ．エッジは，別の生態系に接するため，内部とは異なる性質をもつ．これをエッジ効果（edge effect）という．樹林と草原が接する場合を例にとると，樹林のエッジ付近では隣接する草原からの影響により，照度・温度・湿度・風・音などが樹林の内部とは異なる状態になる．このような隣接する生態系からの影響を嫌い，エッジを避けて内部側にのみ生息する種も多く，これを内部種（interior species）とよぶ．森林生の鳥類には林縁部で繁殖すると外敵に襲われやすくなり，繁殖成功率が下がる種がいる．エッジ効果がどの程度の範囲まで及ぶかは，種ごとの生活史特性によって異なっており，比較的エッジの近くまで生息する内部種もいれば，エッジができると敏感に反応してより中心に近い場所に退く内部種もいる．

　エッジ効果の生じる状況は，生息地の面積および形状によっても大きく異なる．面積に対する縁辺長が最短となる円形を例に模式化すると，エッジ効果の影響範囲が一定の場合，内部種の利用可能な面積は，生息地の面積が小さくなればなるほど急激に減少する（図 6.2：A 軸）．また面積が同じでも，細長い形

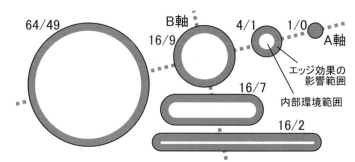

図 6.2　生息地の大きさや形によるエッジ効果と内部環境面積の違い
網かけ部はエッジ効果の影響範囲で，数字は「生息地面積／内部環境面積（生息地面積からエッジ効果の影響範囲を除いた面積）」を示す．A 軸は生息地面積の変化，B 軸は同じ面積での生息地の形状の変化に伴う内部環境面積の違い．

状になるほど内部種の利用可能な面積は小さくなる（図6.2：B軸）．すなわち，分断化が進むと内部環境を広く保持できない生息地が多く生じるため，生息地の分断化は内部種に対してより強い負のインパクトとなる．

　一方，エッジにしかあらわれない種，あるいはエッジ環境を好む種もいる．たとえば，フジやクズなどの林縁生のツル植物や，谷津田や棚田の林縁の高木にとまり餌を狙うサシバやオオタカなどの猛禽類，クツワムシなどのキリギリス類は樹林と非樹林地の境界を好むことが知られている．このため，樹林地が分断化されて草原に接する林縁の総延長量が増す場合は，これらの種にとっては正のインパクトになる．また細かく見ると，エッジ範囲の内でも両側の生態系の影響の強弱によって少しずつ環境が変化していくため，エッジができることで狭い範囲に多様な環境が生じ，多くの種の生息を可能とする場合もある．このエコトーン（ecotone）とよばれる移行帯が生じることも，エッジ特有の性質である．

6.1.3　構造物による連続性・連結性の遮断

　水系にそって移動する種や，繁殖のために異なる生態系を行き来する種にとっては，その連続性を妨げる構造物がつくられることで移動阻害（barrier to movement）が生じる．陸域においては水系にそって河川，湖沼，用水路，水田，ため池などの水辺の生態系がつながっており，魚類をはじめ様々な水生生物が行き来している．ウナギ，アユ，マス類，モクズガニなど，繁殖のために海域と河川を行き来する種もいる．河川のダムや取水堰，河口堰，砂防堰，コンクリート水路の落差工などは，水系にそった移動や回遊の遮断を引き起こす構造物である．また，圃場整備により水田と排水路に生じる高い落差もドジョウやナマズなどの魚類の水田への移動を妨げている．遮断を回避するため，各地で魚道や迂回水路の設置が試みられているが，未だ十分な広がりをみせているとはいえない．

　生活史の中で，異なる生態系の間を行き来する種もおり，それらの種にとっては両生態系が連結しているか否かが重要となる．たとえば，産卵で浜辺に上陸するウミガメや繁殖のために森から海に下るアカテガニは，陸域と海域の連結性が不可欠となる．農村域では，止水域に産卵する小型サンショウウオ類や

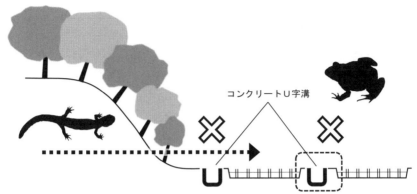

図 6.3 両生類の生活史の差異による構造物の影響のあらわれ方の違い
コンクリート U 字溝などは，樹林生の小型サンショウウオ類などにとっては繁殖のため水田に訪れる際の移動阻害となる．一方，土水路を生活の場として選好するダルマガエル類にとっては，重要な生息空間そのものの消失となる．

ヤマアカガエルなどが，繁殖のために水田や溜め池を目指して移動するが，高い垂直面をもつ用・排水路やコンクリート U 字溝の整備はその移動を阻害する．これは，水田周辺に生活圏をもつ地這性の両生類や淡水カメ類に対しても同様である．同じ構造物であっても，素掘りの水路を好むダルマガエル類などにとっては，生活圏内での移動阻害の影響に加えて重要な生活空間の消失ともなり，生活史の違いによって影響のあらわれ方が異なる（図 6.3）．対策としては，線状の構造物の場合，対象種の行動圏や移動特性に応じた場所に横断路を設けることで，移動阻害の緩和につなげることができる．

6.2 環境汚染および生物的撹乱

6.2.1 環境汚染

　人間活動によって種々の物質が放出され，大気・水・土壌などが汚染されることを環境汚染（environmental pollution）という．レイチェル・カーソンの『沈黙の春』（Carson, 1962）には，春を迎え新緑と花が咲き誇るなか，農薬汚染によって蜜を求める虫の羽音が一匹もせず，繁殖期を迎えたはずの鳥の歌声もない静寂な村の春が描かれている．架空の村ではあるがどこにでもある田舎

の風景を描くことにより，カーソンは環境中で分解されにくく，生物体内に蓄積されやすい残留性有機汚染物質の脅威を世界に知らしめた．環境汚染は，突発的な事故による汚染もあるが，多くは慢性的に生態系内に蓄積し，ある時点で汚染による深刻な影響が顕在化する．高次捕食者は生物濃縮を通じて，環境中よりも高い濃度で汚染物質が体内に蓄積されるため，繁殖時の死産など，個体群の減少を伴う影響を受けやすい．

　汚染物質には，有害金属や除草剤・殺虫剤・界面活性剤などの毒性をもつ人工化合物，体内での内分泌代謝を乱す内分泌撹乱物質などがある．オゾン層の減少に伴う紫外線照射量の増加，あるいは原子力利用に伴った放射能による汚染もある．それ自体は有害物質ではないが，生活排水や農業・工業排水による水中の窒素やリンなどの増加は富栄養化（eutrophication）を招き，その常態化は湖沼や港湾などの閉鎖的な水域の生態系を著しく変容させる．化石燃料の燃焼などにより放出された二酸化硫黄（SO_2）や窒素酸化物（NO_x）は，大気中で化学変化を起こして硫酸や硝酸となり雨水に溶け込み，酸性雨として森林被害をもたらす．大量の投棄・漂着廃プラスチックやプラスチック製品の中間材料であるレジンペレットは，誤食や絡みつきといった海洋生物などへの被害を及ぼしている．対策としては，汚染物質の排出規制やすでに汚染された場所の浄化技術の確立が必要とされる．あわせて，汚染の広がりの実態を住民自らが把握することも重要であり，水質調査や放射能汚染などに対する市民によるモニタリングが各地で行われている．

6.2.2　生物的撹乱

　自然分布域に生息する生きものを在来種（native species）というが，これに対し人間活動によって自然分布域の外に持ち込まれた生きものを外来種（alien species）という．外来種は，移入種，帰化種，侵入種，外来生物ともいう．外来種の中には，土地本来の生物相に対して著しいインパクトを与えるものがある．これは生物的撹乱（biological disturbance）とよばれる．外来種は，なんらかの利用意図をもって持ち込まれる場合と意図せずに輸送物などに紛れ込んで持ち込まれる場合があるが，国内であっても自然分布域をこえて持ち込まれたものも外来種に含まれる．たとえば，北海道に持ち込まれて定着しているト

ノサマガエル，カブトムシなどは国内外来種である．なお，栽培作物の伝播に付随して古い時代に持ち込まれ，すでにその土地の生態系の一部を構成している植物を史前帰化植物（prehistoric-naturalized plants）とよび，主に明治期以降に定着した外来種とは一般に区別する．わが国では，外来種による在来生態系への影響を軽減するために，外来生物法（正式名称：特定外来生物による生態系等に係る被害の防止に関する法律）が施行されているが，明治期よりも前に移入したものは規制の対象からはずれている．

外来種によるインパクトには，生物間相互作用を通じて現れるもの，近縁の在来種の進化プロセスを脅かすもの，生息環境そのものを変えてしまうものなどがある．生物間相互作用としては，まず食べる–食べられる関係を通じた外来種による直接的な在来種の捕食がある．島嶼でのマングースやグリーンアノール，淡水域でのブラックバスやウシガエルによる捕食圧は，絶滅危惧種を含む多くの生物の局所的絶滅を引き起こしている．また光や空間といった資源の競争を通じ，外来種がその資源を占有することで在来種が生活できなくなる現象が報告されている．セイタカアワダチソウは成長が早く，種子繁殖のみならず地下茎での繁殖力も強く，空間を占有することで在来の野草類の生育を抑圧する．外来種を介して病原菌が持ち込まれたり，あるいは外来種そのものが在来種に対して病気を引き起こすこともある．野生生物は一般に，進化プロセスの中で一度も遭遇したことのない寄生生物に対し，免疫力が弱い傾向がある．マツノザイセンチュウは輸入木材とともに持ち込まれ，日本では各地で松枯れ被害を生じさせているが，原産国の北米のマツ類はこの線虫に対して抵抗性を有している．

在来種の進化プロセスへの影響として，在来種と交配可能な外来種が侵入し，交雑が生じる場合があげられる．交雑が進むことで集団内に外来種の遺伝子が広まる遺伝子浸透（introgression）が生じ，在来種の遺伝子の固有性が失われる現象を遺伝的撹乱（genetic disturbance）または遺伝子汚染（genetic pollution）という．遺伝的撹乱は，その土地の環境に適応する進化プロセスの中で形作られた固有の生命情報を乱すことになり，在来種の遺伝的多様性を劣化させる．この考え方は，在来種か外来種かといった種を基準とする区分のみならず，種内のより細かな地域的な遺伝的集団についてもあてはまる．すなわち，

図 6.4　善意の活動が地域の遺伝的固有性を乱すリスク
同種でも異なる系統の個体を持ち込むことは遺伝的撹乱を引き起こす.

　同じ在来種であっても，ある遺伝的系統をもつ集団の分布域に，他の地域から異なる系統の個体を持ち込むことは，遺伝的撹乱の一因になる. これには，身近な自然環境を取り戻す活動として，メダカやホタルなどをほかの地域から取り寄せて放すといった善意による導入も含まれ，結果として地域の遺伝的固有性を乱すことになる（図6.4）. このような場合，できるだけ近くの，あるいは同じ水系内の生息地に由来する導入個体を確保することが求められる.

　生息環境そのものを変える外来種もあり，これは在来種の生息地の消失となる. たとえば，本来は貧栄養な丸石河原にシナダレスズメガヤやニセアカシアが定着すると，砂の捕捉や窒素固定により，礫質の立地から砂質あるいは富栄養な土壌に変化する. これは貧栄養立地の丸石河原の物理的基盤そのものの変容であり，丸石河原を生息地とする在来種の生活の場を失わせる. アメリカザリガニは，直接的な捕食に加えて水草を食べつくすことで他の水生生物の生活の場を失わせる.

　外来種は人への新規の寄生虫や疾病の伝播，刺咬傷などの直接危害，農林水産業への被害ももたらす. 外来種の中でも，わが国の生態系，人の生命や身体，農林水産業などへの被害を及ぼす，あるいは及ぼすおそれがあるものを侵略的外来種（invasive alien species）という. これらの侵略的外来種に対し，生態系，人の生命・身体，農林水産業などへの被害を防止することを目的に，一部の種と種群は外来生物法によって特定外来生物に指定され，飼養・栽培・運搬・譲渡などが禁止されている. 特定外来生物ではないものの，注意が必要で対策

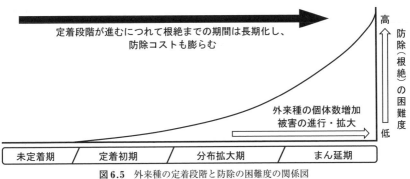

図 6.5　外来種の定着段階と防除の困難度の関係図
（環境省・農林水産省・国土交通省，2015；一部改変）

が求められる外来種については生態系被害防止外来種リストが作成されている．このように外来種は生態系への影響程度に応じて序列化されている．しかし，現在影響が現れていない種であっても，状況によっては生態系被害をもらたす場合もあるため，できるだけ移入や定着を避けることが求められる．

　外来種が移入したあと，生態系被害を及ぼすまでには，在来種との競争に敗れ定着できない状態，ニッチ（niche）を獲得して限られた場所に個体群を形成する定着初期，そこを核にした隣接地域への拡散期，拡散・定着先での個体数増加による被害の顕在化，といったいくつかの段階がある（図6.5）．防除活動は，拡散する前の定着初期の段階で行うのが効果的である．また，人間活動により生息環境が悪化して在来種が不在になると，空いたニッチを外来種が獲得しやすくなる．このため個別の防除対策のみならず，地域の生態系を健全に保全・修復する視点が欠かせない．外来種は一度定着すると完全な防除は難しく，「入れない・捨てない・拡げない」の予防三原則が求められる．ペットや栽培植物の放逐・逸出による野生化の場合，既存の定着個体群からの分布拡大とは別に，落下傘式に各地で定着が進むため，啓発活動が重要となる．

6.3　今日の生活スタイルと人為的インパクト

6.3.1　都市生態系
都市は人間活動の最も活発な空間であるが，そこには都市特有の条件によっ

て都市生態系（urban ecosystem）が成立する．都市生態系には，海外からの
ものも含め有機物が集積するため，分解者による分解速度をこえた富栄養の状
態が生まれる．そうなると汚濁耐性をもつ種を除き，土地本来の生態系構成種
は生息できずに欠落することが多い．在来種が欠落すると，その空いたニッチ
に外来種が定着しやすくなる．外来種に加えて都市生態系では，光・騒音・振
動といったストレスへの耐性があり，人のごく近くで時間的・空間的に生活す
る隙間を見つけて生息できる種や，その中でも特に人間由来の有機物に依存す
る腐食性・雑食性種が増加する．ヒートアイランド現象により，冬季の低温条
件が緩和されることで，本来の分布北限をこえて暖地性種が越冬・定着しやす
いことも指摘されている．不浸透性の舗装面の増加は地下水の涵養を抑制し，
源流部や崖下の湧水などよる貧栄養の小さな湿地の生息地を消失させる．また，
舗装面上の様々な汚染物質は河川や湖沼に直接流れ込み，水域の汚染や汚濁を
進行させる．こうした現象への対策としては，ゴミの削減による富栄養化の解
消，人工排熱やエネルギー使用量の低減，緑化地面積の確保によるヒートアイ
ランド現象の緩和，雨水の地中浸透を増すことによる水循環の健全化などの取
り組みが重要である．

　地域本来の生物相の維持・回復には，都市内に存在している点状の生息地の
保全と再形成，およびそのネットワーク化といった地域全体での戦略が重要と
なる．そのために必要となる視点を以下に整理する．都市であっても大地の凸
凹といった地形にそって，地下水や湧水・表面水の流れが存在する．また，都
市的利用圧―すなわち都市特有のインパクトはどこでも一律に働いている訳
ではなく，特に地形的に開発し難い場所では弱くなるなど，強弱が存在する．
相対的に都市的利用圧が弱い場所では，斜面樹林，社寺林，集落，農地，土手
草地など，都市が成立する以前の生態系構成要素が断片的に残る場合が多い．
加えて，保全地指定された緑地や人工的につくられた用水路，遊水地，緑化地
なども都市内には多く点在しており，それらも在来種が生息するよりどころと
なっている．

　これらのことをふまえると，都市生態系は，都市的利用圧の強弱による等値
線（コンター）図，在来種の生息が比較的集中する生態的に重要な場所の分布
図，都市生態系の基盤を構成する地形図などからなるレイヤー構造として表す

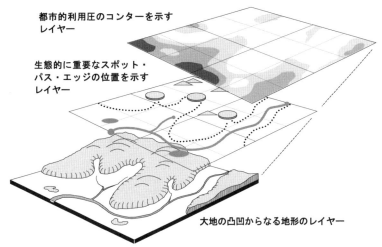

都市的利用圧のコンターを示す
レイヤー

生態的に重要なスポット・
パス・エッジの位置を示す
レイヤー

大地の凸凹からなる地形のレイヤー

図6.6　都市生態系のレイヤー構造図

ことができる（図6.6）．都市的利用圧の弱い場所は重要な生態的要素が保たれているとともに，歴史的な土地利用の文脈を継承する緑地資源でもある．これら地域資源としての生態的要素は個別に規制的に保全するだけでなく，生命力のあふれる未来の都市に向けて，その存在価値を創造的にとらえなおす発想が不可欠である．すなわち，都市生態系の負のインパクトを改善しつつ，基盤となる地形や水文，そして現存する生態的要素をその都市のフレームワークとするような生態都市（eco-city）の標榜である．これまでの人間活動による負の側面の強い都市生態系を，生命力のあふれる生態都市に転換する構想力こそ，持続可能で魅力ある明日の都市を創るのである．

6.3.2　広範囲に及ぶインパクト

　今日の生活スタイルは，都市生態系内にとどまらず，農村域から自然域までの広い範囲にかけて人為的インパクトを及ぼしている．中でも農村域では二次的自然を支えてきた人為的インパクトの縮小が問題となっており，人為的インパクトは負の側面だけではなく，生物多様性保全に対して正に寄与する側面も有しているのが特徴である．

　農村域はわが国の国土の約4分の3を占めており，その土地利用管理は国土保全上，無視できないものである．農村域では，人の農的な干渉と自然遷移の動的平衡により半自然生態系（semi-natural ecosystem）が成立し，生活・生産活動に伴った利用圧といった人為的インパクトがその維持・保全には不可欠となる．しかし今日，都市部への人口集中により一次産業の担い手は激減し，管理放棄などに伴う生物多様性の貧弱化が生じている．このような生活・生産活動を前提とした半自然生態系での，農的な利用圧の低下現象をアンダーユース（under use）という．アンダーユースによって，この100年の間，草原生の野草類・昆虫類・小動物の生息環境の激減，薪炭林の管理放棄による林床植生の種多様性の低下，水田耕作放棄による水田を繁殖・生活空間とする生物群の消失などが生じている．最後の水田耕作放棄は，特に条件不利地で起こりやすい．

　草地，薪炭林，水田は，農村のランドスケープを構成する主な景観要素であり，集落も含めて里山，あるいは里地・里山とよばれる生態系である．また類似の概念として，里川・里海も提唱されている．環境省などのレッドリストに掲載されている絶滅危惧種には，里山を主な生息地とする種も数多く含まれており，わが国の生物多様性保全においては開発圧のみならず農村のアンダーユースも大きな減少要因となっている．里山のような半自然生態系は日本だけでなく世界各地に広く認められ，社会生態学的生産ランドスケープ（socio-ecological production landscape）とよばれる．それは人為的インパクトとして人の農的な干渉が入ることで農業生産と生物多様性の保全とが両立する，持続可能性の高い土地利用管理システムであると認識されている．

　道路上で野生動物が走行車両と衝突して死亡することをロードキル（road kill）とよぶ．非意図的ではあるが，これも野生動物の個体数の減少を進める要因となり，特に希少種や絶滅危惧種への影響が大きい．ロードキルは種の生活史や行動特性による季節的あるいは空間的な偏りが認められる．たとえばホンドタヌキでは亜成獣の分散期である秋季に多く発生し，ツシマヤマネコでは山林と餌場となる沢や水田の間を走る道路区間で多く発生する．地這性の両生類や爬虫類でも轢死体が各地で認められ，俊敏な回避行動がとれない小動物ほどロードキルにあいやすく，その死亡個体数も著しい．

　夜間の照明，工事や交通の騒音・振動などの人間活動に伴って発生する様々な光・音・揺れも生きものの行動に影響し，特に繁殖活動への負の影響を及ぼす．このうち人工光については，たとえばホタル類といった光を嫌う背光性の種の行動を抑制し，光害（light pollution）とよばれる．逆にガ類やタガメなどの光に向かって飛翔する走光性の種は，人工光に誘引されることで本来の行動が阻害される．雌ウミガメの上陸・産卵や孵化した稚ガメの砂浜から海への移動に対し，人工光が進むべき方向を乱すことも知られる．また開発工事による騒音・振動によって，近傍に営巣する猛禽類は抱卵や育雛を放棄することが多い．これら光害や騒音・振動は，多かれ少なかれ生きものの生息にストレスとして作用している．

　日本では飼育や標本保持といった所有欲を背景とする，生きものマニアやコレクターによる捕獲・採集が問題視されている．生きものの過度の捕獲・採集は，直接的な個体数の減少に結びつく．特に絶滅危惧種や希少種のようにすでに個体数が少ない種の場合，絶滅の渦を加速させる．これには希少性故による商業的乱獲行為を伴う場合もあり，各地の環境保全活動の現場で絶滅危惧種などの生息情報の開示を困難にさせている要因の1つである．

　人間活動に伴ったCO_2排出量の著しい増加は地球温暖化を推し進めており，北方系の種や寒冷地に成立する生態系への影響が危惧される．特にライチョウなどの高山に点々と遺存的に分布する種は，高山帯の下限域の上昇による生息地の縮小・消失の影響を受けやすい．

　アンダーユースの対策には，農村域の振興・活性化に加えて現代的な生物資源利用の開発・普及が求められ，そこにおける都市住民の協力・連携も効果がある．ロードキル，光害，騒音・振動は，それらに対する生きものの反応の科学データを積み重ねながら，影響を緩和する工学的対処と，影響を回避・誘導するなどの空間的調整を図ることが求められる．たとえばロードキルに対しては，多発地区での道路への侵入防止柵の設置と，アンダーパスやオーバーブリッジといった横断路への誘導が効果的である．また，ホタル類の生息地の近くでは照射範囲を道路面に限るような街路灯を設置することで，光害の緩和を図ることができる．温暖化に対しては，低炭素社会に向けた生活スタイルへの転換の取り組みが課題である．

6.4　自然的インパクトの役割とつきあい方

　人為的インパクトに対し，自然生態系が本来的に有する自然的インパクトも存在する．河川の増水や氾濫，地震や豪雨による土砂崩壊，高潮や津波など，自然災害と認識されるような自然的インパクトは生態学的には自然撹乱（natural disturbance）として扱われ，生態系のダイナミズムを引き出す重要な役割を担っている．

　そのような自然撹乱によって生じる遷移初期の環境を生息地とする生物も多く，これらは撹乱依存種（disturbance-dependent species）とよばれる．たとえば2011年の東日本大震災時の津波被災海岸林の跡地には，草原環境を好む野草類が多く出現した．その1つカワラナデシコは，海岸林であった場所の表層植生が残存した箇所に対して薄くはがれて流出した箇所で多数の実生が生じており（図6.7），津波という自然撹乱が個体数の著しい増加に結びつく撹乱依存的性質を示した．大震災時の津波ほどの巨大なものではなくとも，実際には生態系内で大小様々の自然撹乱が生じており，こうした場所が点々と移っていくことで，地域全体では撹乱依存種の生息地が生成・維持されている．

　人間活動の影響により本来的な撹乱の発生頻度や規模が満たない状況下となっている場合は，必要に応じて自然撹乱を代替する形の人為撹乱を起こすことも求められる．たとえば，上流側のダム建設により自然撹乱に伴う降雨時の増

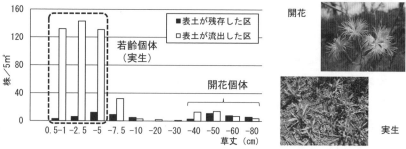

図6.7　大規模津波による表土撹乱に伴うカワラナデシコの動態（大澤・内野，2017；一部改変）
津波被災から4年後の夏季の状況.

水頻度が低下した結果，植生遷移により河川中流部の丸石河原の環境が減少したことが明らかな場合，代替的な人為撹乱によって遷移の引き戻しを図ることが考えられる．

一方，自然災害となるような大規模な自然的インパクトに対しては，人工構造物などによる完全な制御には限界があるため，人間の活動領域との間に自然撹乱を受け止める自然生態系からなる緩衝帯を置くといった考え方も重要となる．これは生態系を活用した減災・防災（ecosystem-based disaster risk reduction：Eco-DRR）とよばれ，自然災害の多いわが国の土地利用における自然と賢くつきあっていくための1つのあり方でもある．人間社会には自然災害と映る自然撹乱も，その撹乱による更新作用も含めて地域の生態系のあるべき姿を保つうえで重要な役割があるため，防御や制御に加えてその自然的インパクトの許容を可能とする土地利用や街づくりといった発想が求められる．

〔大澤啓志〕

文　献

Carson, R. L. (1962) *Silent spring*, Houghton Mifflin Company.（青樹簗一訳（1964）生と死の妙薬，新潮社）（現在は『沈黙の春』として新潮文庫から刊行）

環境省・農林水産省・国土交通省（2015）外来種被害防止行動計画．

大澤啓志・内野沙織（2017）日本緑化工学会誌，**43**(1), 45-50.

第7章
ミティゲーション

7.1 環境影響評価と自然環境アセスメント

7.1.1 環境影響評価

環境影響評価（環境アセスメント, environmental impact assessment）とは, 開発事業を実施する際にその事業が環境に与える影響についてあらかじめ適正に調査, 予測および評価を行い, その結果を公表して住民や地方自治体の意見を聴いて, その事業計画を環境保全の面から, より望ましいものにしていくための一連の手続きである.

環境影響評価制度は, 1969年に米国で制定された国家環境政策法（National Environment Policy Act : NEPA）によるものが最初であり, わが国においては, 1997年に環境影響評価法が制定された. 環境影響評価の環境要素は, 主に公害環境要素（大気質, 騒音, 振動, 水質）と自然環境要素（動物, 植物, 生態系, 景観）に大別され, 自然環境要素にかかわるものは自然環境アセスメントとよばれる.

自然環境アセスメントでは, 動物と植物については, 種とその生育・生息地および生育・生息環境への影響を調査・予測・評価する. 一方, 生態系については, 生物群集の多様性, 生態遷移, 生物間相互作用などに着目し, これらに対象事業が及ぼす影響について, 調査・予測・評価することが求められる. しかし, 対象地域のすべての生物について詳細な調査を行うことは困難であるため, ①上位性：生態系を形成する生物群集において栄養段階の上位に位置する種, ②典型性：生物間の相互作用や生態系の機能に重要な役割を担うような種, ③特殊性：小規模な湿地, 洞窟, 噴気口の周辺, 石灰岩地域などの特殊な環境に生息する種を考慮し, 対象地域に適切な注目種・群集を選定して, 調査する.

7.1.2　環境影響評価の手続き

　環境アセスメントは，対象事業が周辺の自然環境などに与える影響について，住民の意見や地方自治体などの意見を取り入れ，事業者が調査・予測・評価を行うものである（図7.1）.

　配慮書は，早期段階における事業への環境配慮を行うため，事業者が事業の位置・規模などの検討段階において，環境保全のために適正な配慮を行うべき内容について検討し，その結果をまとめたものである.　配慮書の作成の際には，事業の位置，規模等に関する複数案の検討が行われる.

　方法書は，環境アセスメントの方法を決定するものである.　地域の環境状況に応じた環境アセスメントを行うことが必要であるため，住民や地方自治体の意見を取り入れる手続を設けており，この手続きをスコーピング（scoping）と

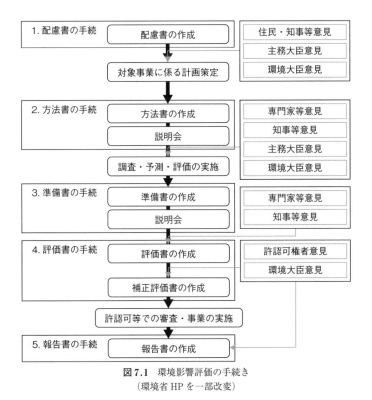

図7.1　環境影響評価の手続き
（環境省 HP を一部改変）

よぶ．事業者は，環境についての調査・予測・評価の項目や方法を示す．

　方法書に基づいて，事業者は，調査・予測・評価を行い，準備書を作成する．準備書では，調査・予測・評価およびミティゲーションの検討の結果を示す．

　準備書の手続後に，必要に応じて準備書の内容を見直し，評価書を作成する．

　評価書の中では，工事中や供用後の環境の状態などを把握するための，事後調査について検討する．事後調査は，自然環境の不確実性に対して，事業による環境への影響の大きさに応じて検討される．事業者は，この検討結果を踏まえ，事後調査を行う必要性について判断し，評価書に記載する．

　評価書の手続の後に工事が着手される．事業者は，工事中および工事後に実施した事後調査によって明らかになったことについて，工事終了後に報告書にまとめて，公表する．

　事業者は，配慮書や準備書，評価書を作成する際に地域の関係する住民，専門家，地方自治体の意見や主務大臣意見，環境大臣意見，許認可権者の意見を取り入れ，検討する必要がある．また，説明会や公告・縦覧により住民意見を取り入れ，図書を作成，修正することが求められる．

7.2　ミティゲーションの種類

7.2.1　自然環境アセスメントのミティゲーション

　わが国の環境影響評価法では，環境影響評価の手続きの中で，調査・予測・評価を行って準備書を作成する段階で，事業による影響が大きいと予測される場合には，影響を低減するための環境保全措置を行うとされている．

　環境保全措置はミティゲーション（mitigation）とよばれ，事業において，回避できる影響は回避し，回避できずに残る影響については低減し，回避，低減できずに残る影響については，代償することにより影響を緩和することとされている．わが国の制度が参照にした米国のミティゲーションの定義を表7.1に示す．また，自然環境における調査・予測・評価および環境保全措置の効果は，不確実性があり，予測できない場合があることから，事後調査により影響を確認し，適切な措置を講じることとされている．

　米国の環境アセスメントのミティゲーションにおいては，環境価値の損失が

表 7.1 米国環境審議委員会によるミティゲーションの定義（CEQ, 1978）

行　為	定　義
回避 （avoidance）	行為の全体または一部を実行しないことによって，影響を回避すること
最小化 （minimaization）	行為の実施の程度または規模を制限することにより，影響を最小化すること
修正 （rectifying）	影響を受けた環境そのものを修復，再生または回復することにより，影響を修正すること
軽減／消失 （reduction/elimination）	行為期間中，環境を保護および維持管理することにより，時間をへて生じる影響を，軽減または消失させること
代償 （compensation）	代替の資源または環境を置換または提供することにより，影響を代償すること

ゼロになることを目標としたノーネットロス（no net loss）の考え方がある．ノーネットロスとは，開発事業が生物多様性に与える影響を，回避・最小化し，その後に残る影響については，他の土地での生物多様性を回復・創出・保存などを行う代償措置を実施することによって，生態系の機能の全体としての損失をゼロにする考え方である．代償措置は，影響を受ける事業区域で行うオン・サイト・ミティゲーションと，事業区域外で行うオフ・サイト・ミティゲーションに大別される．

7.2.2　各種事業におけるミティゲーションの方法

　ミティゲーションの方法は事業によって異なるものであり，道路事業，河川事業，発電事業，廃棄物最終処分場事業などにおいて実施されたミティゲーションの内容は，地域特性，事業特性，影響の内容・程度などにより，さまざまである．自然環境においては，海生生物の生息・生育環境に配慮した護岸などの工法の採用，深層取水方式などの環境負荷低減に向けた設備の採用，重要な植物種の移植および生育生息環境の創出など，工事エリアの最小化，汚濁防止膜の展張による工事排水の適切な処理など，低騒音・低振動型機の使用による生息環境の保全などが行われている．

　道路事業における環境影響評価のミティゲーションの考え方の例を図 7.2 と表 7.2 に示す．この表をみると，ミティゲーションの効果に対して，回避・低

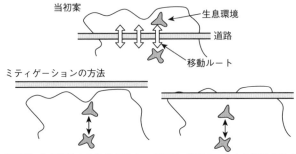

①回避：生息環境から路線を離す　②低減：移動ルートから路線を離す

③代償：道路の上部か下部に　　　④代償：生態系を切り取って
　　　移動ルートを確保する　　　　　　近傍の場所で復元する

図 7.2　道路を建設する際のミティゲーションの考え方（春田，2001）
当初案（上図）では，道路が動物の生息環境と移動ルートを分断している．それに対し
て，①〜④のミティゲーションの考え方を示している．

表 7.2　道路事業におけるミティゲーションの考え方の例（道路環境研究所編，2007；一部改変）

影響の種類	ミティゲーションの例	ミティゲーションの効果	区分
生息地の消失・縮小	地形改変の最小化（のり面勾配の修正・擁壁構造の採用など）	地形改変による生息地の消失・縮小を回避・低減できる	回避・低減
	重要な動物種（卵のうなど）の移設	地形改変区域に生息する個体を他の場所に移すことにより，種を保全できる	
	代償生息地の創出	消失・縮小された生息地を周辺地域に復元することにより，生息地を代償できる	代償
移動経路の分断	移動経路の確保（ボックスカルバート，オーバーブリッジ，橋梁下部などの利用）	動物の移動阻害を機能補償できる	
生息環境の質的変化	地下水の保全（透水壁の設置，地下水流路の確保）	水環境（地下水，伏流水などを含む）の変化に伴う生息環境の変化を低減できる	回避・低減

図 7.3 道路の路面排水浄化機能をもたせた調整池（亀山章撮影）

減・代償の区分は明確に対応できるものではないことがわかる．生息地の消失・縮小に対するミティゲーションの回避・低減の例では，工事用道路などの設置位置の検討による地形改変の最小化や，繁殖期を避けた施工が実施される．また，ミティゲーションの代償の例では，両生類の卵のうなどの重要な動物種の移設が行われる．

　生息環境の質的変化に対するミティゲーションの例として，道路の路面排水浄化機能をもたせた調整池（図 7.3）の事例を示す．調整池はインターチェンジやサービスエリアなどの大面積の土地造成を伴う施設に付随して設置されるが，ここでは豪雨による出水時の流出水の調整機能だけでなく，礫間浄化やヨシ草地による浄化など水質浄化機能を付加して，下流の水路への水質汚染への負荷を軽減しようとしている．さらに，調整池は洪水調整能力以上の規模にすることで，常時湛水できるようにして，水生昆虫などが生息できる地域の生物多様性の保全に役立てるものにされている．

　事後調査（follow-up survey）は，環境保全措置が将来判明すべき環境の状況に応じて講ずるものである場合に行う環境の状況の把握のための措置として位置づけられる．事後調査の基本的事項は，工事中および供用後の環境の状態などを把握するための調査とされており，環境への影響の重大性に応じて，①予測の不確実性が大きい場合，②効果にかかわる知見が不十分な環境保全措置を講ずる場合，③工事中または供用後において環境保全措置の内容をより詳細なものにする場合，④効果の不確実性などが懸念される代償措置を講ずる場合などにおいて事後調査の必要性が検討される．

図7.4　道路上につくられたオーバーブリッジ
（亀山章撮影）
道路の両側が切土法面になるオープンカット部
分をパイプ状のトンネル構造にして，上部に盛
土して動物の移動路を確保している．（圏央道茂
原第一トンネル）

図7.5　小河川上につくられたボックスカル
バート（筆者撮影）
中央の流路の両側に犬走を設けて動物の移動
用にしている．（一般国道289号荷知夫バイパ
ス）

　道路や鉄道の建設による動植物の生育・生息地の分断・孤立化の大きな要因
は，道路や鉄道などの線形の構造物である．特に，道路の野生哺乳類に対する
負の生態学的影響は，①野生哺乳類と自動車の交通事故（ロードキル）の発生，
②道路が障壁となり野生哺乳類の行動の改変や個体群の小規模化（バリアー効
果），③道路建設に伴う森林の伐採などによるエッジ効果の増大と生息地の改
変，④ハビタットの消失と質の低下，⑤外来種の拡大，⑥化学的環境（重金属
や塩分など）・物理的環境（土壌，温度，光，塵，表流水，堆積作用など）の改
変，⑦人間の進入の増大による生息地の利用と改変など，様々な影響をもたら
すことが知られている（園田ほか，2011）．

　日本における道路による生態学的な影響に対するミティゲーション技術の多
くは，ニホンジカやタヌキ，ベンガルヤマネコ（イリオモテヤマネコ，ツシマ
ヤマネコ）のロードキルを防止するためのものであり，交通安全や絶滅危惧種
の保全を目的としている．ロードキルの発生防止のために，野生哺乳類の移動
経路の手段としては，道路の上部や下部にオーバーブリッジ（図7.4），ボック
スカルバート（図7.5），パイプカルバートなどの道路横断施設が設置される
（表7.3）．表7.3では，哺乳類の種ごとに道路横断施設の評価がなされている．
また，樹上性哺乳類を対象としたエコブリッジ（図7.6）や両生類と爬虫類を
対象とした両生類トンネル（図7.7）のような施設が設置されている．

表7.3　哺乳類の種ごとの道路横断施設の評価（園田，2021；一部改変）
◎は適，○は利用可能，△は付帯施設を設置すれば利用可能，×は利用不可を示す．

種　名	橋梁下	オーバーブリッジ	ボックスカルバート	パイプカルバート	エコブリッジ
ツキノワグマ	◎	◎	◎	×	×
カモシカ	◎	◎	◎	×	×
ニホンジカ	◎	◎	◎	×	×
イノシシ	◎	◎	◎	×	×
ニホンザル	◎	◎	◎	×	×
アナグマ	◎	◎	◎	○※3	×
テン	◎	◎	◎	○※3	○
キツネ	◎	◎	◎	○※3	×
タヌキ	◎	◎	◎	○※3	×
ベンガルヤマネコ	◎	◎	◎	○※3	×
イタチ	◎	◎	◎	○※3	×
ノウサギ	◎	◎	◎	○※3	×
ムササビ	△※1	△※1	×	×	×
ニホンリス	△※1	△※1	×	×	◎
モモンガ	△※1	△※1	△※2	×	○
ヤマネ	△※1	△※1	△※2	×	◎
アカネズミ	◎	◎	◎	○※3	×
ヒメネズミ	◎	◎	◎	○※3	◎

※1　植栽木などの連続性を高める必要がある．
※2　歩行用の橋あるいは棚を併設する必要がある．
※3　犬走を併設する必要がある．

図7.6　道路上につくられた樹上性哺乳類用の
　　　　エコブリッジ（山梨県北杜市市道，筆者
　　　　撮影）

図7.7　道路下につくられたヒキガエル用の両
　　　　生類トンネル（スウェーデン・ヘーゲス
　　　　タッド，筆者撮影）

7.3　ミティゲーションのための生息適地評価

　生息適地（habitat suitability）とは，ある動物種が休息場所や餌場，繁殖場所として求める適地の環境として定義される．生息適地評価は，開発事業を行う際の意思決定に用いられ，その成果は，事業実施地内外について開発される位置，規模，構造などの計画や事業実施時および事業実施後のミティゲーションを決定する際のツールとして用いられている．

　様々な定量的な手法の1つであるHEP（habitat evaluation procedure）は，生態系を代表する動物の種を定めて，その生息環境の質とその環境を有する土地の広がりから，生息地（ハビタット）としての適性を定量評価するものである．HEPは，評価種に対して，

　　質（評価種の生息環境に対する適性，HSI（habitat suitability index）モデル）
　　×空間（評価種の生息環境の面積）
　　×時間（時間経過による生息環境の変化）

によって評価される．HEPは，野生動植物の生育・生息の適地・不適地を質的・量的に評価することができるため，開発者と保全側の合意形成を図るための環境価値を定量的に評価する手法として，米国で多く用いられている．HEPは，自然環境の価値を定量的に評価する手段であるとともに，対象事業の影響やミティゲーションによる効果を評価する手段でもある．　　　　　〔園田陽一〕

文　献

Council on Environmental Quality（CEQ）（1978）40CFR part1508.20

道路環境研究所編（2007）道路環境影響評価の技術手法3　改訂版，丸善.

春田章博（2001）道路整備，ミティゲーション―自然環境の保全・復元技術―（森本幸裕・亀山章編），ソフトサイエンス社，pp. 265-285.

園田陽一・武田ゆうこ・松江正彦（2011）ランドスケープ研究オンライン論文集，**4**, 7-16.

園田陽一（2021）野生哺乳類の生息地連続性確保のための道路横断施設の計画に関する研究，筑波大学大学院博士論文，153pp.

ウェブサイト

環境省大臣官房環境影響評価課，環境アセスメントの手続，環境省ホームページ（http://assess.env.go.jp/1_seido/1-1_guide/2-1.html　2021年3月31日確認）

第8章

環境ポテンシャルの評価

　環境ポテンシャル（environmental potential）は，ある場所における，特定の生物種または種群の生育，あるいは生態系成立の潜在的可能性，のことである．環境ポテンシャルの低下は生態系の劣化を招き，反対にその向上は生態系の再生を可能にする．生物種の個体数の減少や絶滅は，環境ポテンシャルの低下が顕在化した結果である．

　環境ポテンシャルは，立地，種の供給，生物間相互作用によって決定される．また，環境ポテンシャルの評価は，自然再生を行う際，的確な目標を設定するうえで有用であり，特定の種の生息ポテンシャル評価は，絶滅の回避や個体群の回復を計画的に行ううえで有用である．本章では，環境ポテンシャルの概念，評価技術，絶滅回避や生態系の保全・再生への応用について述べる．

8.1　環境ポテンシャルの概念

8.1.1　環境ポテンシャルの定義

　上記の環境ポテンシャルの定義で，「ある場所」とは，一定の地理的範囲をさすが，数百 m^2 程度のごく狭い範囲から，国土全体のように広い範囲まで大きな幅がある．「特定の種」は，たとえばオオタカのような1つの種をさし，特定の種群は，両生類のような分類群，陸ガモ類のような生態群のように一定のまとまりをもつ複数種をさす．「特定の種または種群の生育の潜在的可能性がある」とは，現実に生育しているか，現実には生育していないけれども生育できる条件が整っている状態のことをいう．

　生態系には，森林，草原，湿原，干潟など様々な種類がある．生態系成立の潜在的可能性とは，これらのいずれか生態系が実在するか，実在はしなくても成立できる環境条件が整っている状態のことをいう．

　以上が定義であるが，実際には様々な場合があり，環境ポテンシャルをどのように解釈すべきかについては，必ずしも一義的には決まらないことがある．環境ポテンシャルの解釈については，8.2節で詳述する．

8.1.2　環境ポテンシャルの決定要因

　環境ポテンシャルは，立地，種の供給，生物間相互作用の3要因によって決定される（図8.1）．

a. 立地ポテンシャル

　立地ポテンシャル（site potential）は，主に土地的（非生物的／物理化学的ともいう）環境条件によって決定される．土地的環境条件は，気候，地質，地形，土壌，水環境などの自然的環境要因に規定される．

　気候は，生物の生存を左右する基本的因子であり，気温と降水量が最も大きな影響を与える．また，日射量，降雪量，風向・風速なども重要な因子である．各月の平均気温から5℃を引いて12か月分（平均気温が5℃を下回る月を除く）積算した温量指数（温かさの指数，warmth index：WI）は，簡便な計算値で気候帯（＝植生帯）を表す指標である．

　地形は，高度，方位，傾斜などの地形形態と崩壊，運搬，堆積などの地形形成作用に伴う撹乱を通して植生の成立を規定する．また，土壌は，層厚，構造，肥沃度などにより植生の生育に影響を与える．地形と土壌は，表層地質の影響を強く受け，特に石灰岩，蛇紋岩などの地質の場所では，その影響で特殊な植生が成立する．

　水環境は，水文と水質に分けることができる．水文は，水収支，地表水の多寡，水深，流速，流量，地下水位，湧水量などによって決まる．水質は，水の物理化学的状態であり，水温，水素イオン指数（pH），溶存酸素量，栄養塩類（窒素，リン酸など）の多寡などである．

　地形や水環境は，動物群集に対しては，直接あるいは植生を通して間接的にその成立を規定している．

b. 種の供給ポテンシャル

　種の供給ポテンシャル（species supply potential）とは，ある場所に対する生物種の供給の可能性であり，①種の供給源と移動先の空間的関係，②生物種

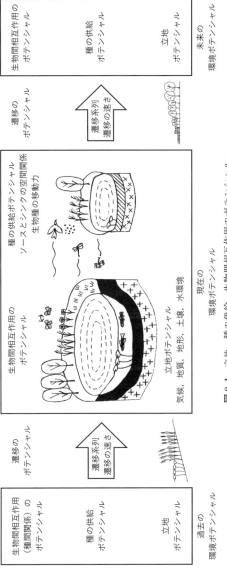

図 8.1 立地，種の供給，生物間相互作用のポテンシャル

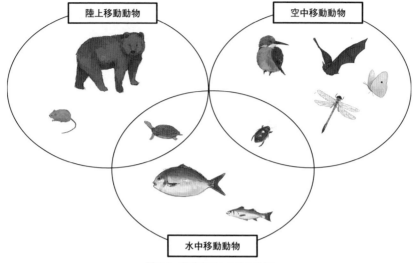

図 8.2 移動空間からみた動物

の移動力の 2 つによって決まる.

種の供給源をソース（source），移動先をシンク（sink）という．両者が近接
しているほど生物種の移動が頻繁に行われるため，供給ポテンシャルは高くな
り，離れているほど移動が少なくなるため，低くなる．このことは，1960 年代
にマッカーサーとウィルソンが提唱した「島の生物地理学」ですでに説明され
た（MacArthur and Wilson, 1967）.

動物は，移動に使う空間によって，空中移動動物，陸上移動動物，水中移動
動物に大別できる（図 8.2）．大部分の鳥類や昆虫類は空中移動動物であり，一
般に移動速度が速く，また，途中の障害物に移動が妨げられることが少ない.
これに対して，陸上移動動物と水中移動動物は，移動空間の状態によって，移
動できる距離や速度が大きく左右される（表 8.1）．鳥類は，相互に離れた島状
樹林の間を容易に移動できるが，アリ類にとって移動はたいへん困難である.

植物は，いったん定着した個体は移動できないが，花粉や種子によって遺伝
子を移動させることができる．その可能性は，ソースとシンクの空間関係のほ
かに，移動を媒介する昆虫などの送粉者や種子散布に寄与する鳥類に大きく左
右される．そのため，植物の種の供給ポテンシャルは，次項で述べる種間関係

表8.1 動物の移動距離（徳江ほか，2011；一部改変）

分類群	移動	該当種	移動距離
哺乳類	陸上	タヌキ，イタチなど	2 km
	陸上	ネズミ類	100 m
	空中	コウモリ類	20〜70 km
	地中	モグラ類	50 m 以内
鳥類	空中	オオタカ，カワウなど	
	空中	シジュウカラなど	4 km（20〜数百 km）
爬虫類	陸上	トカゲ類	50 m 以内
	陸上	ヘビ類	不明
	陸上／水中	カメ類	100〜200 m
両生類	陸上	カエル類（アズマヒキガエルなど）	200 m〜1.5 km
	陸上	カエル類（ニホンアカガエルなど）	200〜600 m
	陸上	小型サンショウウオ類	100〜150 m
昆虫類	空中	バッタ類（カワラバッタなど）	1〜2 km
	空中	バッタ類（クツワムシなど）	100 m
	空中	セミ類（クマゼミなど）	1 km
	空中	トンボ類（シオカラトンボなど）	700 m〜3 km
	空中	トンボ類（オニヤンマなど）	30 km
	空中	チョウ類（アゲハチョウなど）	400〜600 m
	空中	甲虫類（カブトムシなど）	50 m〜1 km
クモ類	空中	アシナガグモなど	〜数百 km
	陸上	ジグモなど	不明
陸生貝類	陸上	ミスジマイマイなど	数 m〜数十 m

───● 移動分散の直線距離の平均値　┈┈┈▶ 移動分散の直線距離の最大値

のポテンシャルの影響が大きい．

　埋土種子集団（soil seed bank）は，土壌中に休眠状態で生存している植物の種子であり，時間差をもって発現する可能性をもつ種の供給ポテンシャルである．埋土種子の寿命は生活形によってだいたい決まっており，一般に極相構成種のように個体の寿命が長い種では短く，草本植物のように個体の寿命が短い種では長い．休眠しながら発芽に適した条件の到来を待つ撹乱依存型の植物は，森林内での風倒木による林冠ギャップ形成や伐採などによる光条件の好転で一斉に発芽して，開花結実し，次世代の種子をつくる．

c. 生物間相互作用（種間関係）のポテンシャル（interspecific interaction potential）

　すべての生物は，多くの種とのかかわり合いの中で生活しており，複雑な種

間関係からなる生物間相互作用を形成している．ある特定の種からみると，自種の生存に正の影響を与える他種と，負の影響を与える他種が存在する．

　正に作用する種は，相利共生関係にある種とよばれる．たとえば，顕花植物と送粉昆虫は相利共生の関係にあり，植物は昆虫に花粉を運んでもらう代わりに昆虫に花蜜を提供する．

　負に作用する種には，被食者にとっての捕食者，資源をめぐる競争相手がある．捕食者は，被食者の個体数を制限する要因となり，捕食圧が著しく大きい場合には，被食者を全滅させることもある．資源をめぐる競争相手は，餌・営巣場所・隠れ場所などが競合する関係にある種，すなわち生態的地位（ニッチ，niche）が似た種である．生態的地位が非常に近い場合には，競争の結果，どちらかがその場所から駆逐される．

　また，特定の種が生態系に圧倒的に大きな影響を与えて，種間関係のポテンシャルを低下させる場合がある．ニホンジカは1990年代以降，爆発的に個体数を増大させるとともに分布域も拡大した．シカの採食圧は，植物だけでなく植物を食草として利用する昆虫や棲み場所として利用する鳥類の減少などを招き，種の地域的絶滅や生態系の劣化の原因となっている．そのような現象が起きている場所では，シカの採食圧の軽減が環境ポテンシャル向上のために必須となっている．

d. 遷移のポテンシャル（succession potential）

　ある植物群落の種組成や構造が変化して，別の植物群落に置き換わることを植生遷移（vegetation succession）という．植生遷移の過程では，有機物の堆積，根による土壌母材の風化などによって土壌が発達していく．発達した土壌はさらに次の植物群落を支えることになり，こうした植生と立地の相互作用によって遷移が進行する．また，植物群落が変化すると，そこに生息する動物群集も変化する．たとえば，多年生草本を中心とするススキ草原と極相林では，異なる鳥類群集が生息する．このような，立地，植物群落，動物群集を総和した生態系の遷移は，生態遷移（ecological succession）とよばれる．

　生態遷移が向かう方向，速さ，終局相（極相）などは，立地，種の供給，種間関係のポテンシャルの影響を強く受ける．すなわち，現時点における環境ポテンシャルは，将来その生態系がどのように遷移していくかを左右する．

8.2 環境ポテンシャル評価

環境ポテンシャル評価は，種の生息や生態系の成立の可能性を診断して予測することである．環境ポテンシャルの概念と環境ポテンシャル評価は以下のような関係にある．

環境ポテンシャルの概念は，基本的な考え方であり，環境ポテンシャル評価は，現実の課題を設定してそこにおける環境ポテンシャルを評価するものである．その際に，環境ポテンシャルの概念は，環境ポテンシャル評価において基本的な考え方を提供することになる．

環境ポテンシャル評価は目的に従ってなされるものであり，その目的は主に環境の主体と評価の対象空間から構成される．具体的には，動植物のある種を環境の主体として，特定な対象空間において，その種が生育できる環境ポテンシャルを評価することになる．

環境の主体には，特定な種や群集，生態系など生物社会の様々なレベルがある．環境ポテンシャルの概念は，主体を特定したものではないので，主体を特定した環境ポテンシャル評価では，主体ごとに評価の対象となる環境の要因は異なるものになる．

環境ポテンシャル評価においては，主体の在・不在データ（binary data）の存在が重要になることが多い．在・不在データがある場合には，それを目的変数として，環境要因を説明変数にした環境ポテンシャルの予測式をつくることができる．

環境ポテンシャル評価は，種の潜在的生息地を推定してそれを保全することや，生態系の成立適地を特定して自然再生の候補地を選定する際に有用な手段となる．

8.2.1 環境ポテンシャル評価と空間規模

環境ポテンシャル評価においては，環境に関する情報を地理的に扱うことからGISが用いられることが多い．環境ポテンシャルは，前節の各々のポテンシャルをデータにもとづいて検討し，総合的に評価するが，これまで実際に行わ

れている評価は，立地ポテンシャルに関するものが多い．環境ポテンシャル評価は，様々な環境要因を GIS で解析したうえで地図として表現される．評価は，対象とする空間の規模や目的に応じて，マクロからミクロまで様々なスケールで行われる．マクロスケール（面積 10^6 ha 以上，地図縮尺 1/1,000,000 以下〜1/100,000）では国や都道府県のような広域を，メソスケール（$10^{5〜3}$ ha，縮尺 1/50,000〜1/10,000）では，市町村，自然公園など比較的広い範囲を，また，ミクロスケール（10^2 ha 以下，縮尺 1/5,000 以上）では都市公園や保全緑地あるいは自然再生の事業地などを対象に，個別の種の生息適地評価や生態系成立可能性の評価が行われる．

以下に，環境ポテンシャル評価の実際を，実例を示しながら解説する．

8.2.2　特定の種の生息適地図化

特定の種の生息に適したポテンシャルを備えた場所を示す地図を，生息適地図あるいは潜在的生息適地図（potential habitat map）とよぶ．生息適地図は，絶滅危惧種の残存個体群を探索したり，いったん絶滅した種を再導入したりするのに適した場所を探したりできることから，目標とする種の保全や再生に有用な情報となる．

生息適地図の作成には，①評価対象種の生息に関する情報，②図化対象地域の面的な環境情報，が必要である．生息に関する情報は，存在の有無だけを確認した在・不在データと存在情報に個体数など量的情報を伴ったものがある．また，単なる存在確認ではなく，営巣の確認位置のように，より質的に詳しい情報もある．環境情報には，気候・地形・植生・水環境のような自然環境に関するもの，人口，道路のような社会環境に関するものがある．これらをデータセットとしてとりそろえたうえで，GIS を用いて解析を行い，生息の可能性を評価した地図，すなわち生息適地図を作成する．

以下に，クマタカを例として潜在的生息適地図化の手法を解説する．この例では，クマタカの生息確率が目的（従属）変数（objective variable），生息環境情報が説明（独立）変数である．目的変数には鳥類専門家への聴き取り調査によって収集されたクマタカの目撃情報が，184 個の三次メッシュ（約 1 km × 1 km）に格納されて用いられ，説明変数には地形，気候，植生・土地利用，人

表8.2 クマタカの潜在的生息適地推定のための説明変数

因子名	指標名	単位	指標説明
地 形	平均標高	m	三次メッシュ内の平均標高値
	平均傾斜角	度	三次メッシュ内の平均傾斜角値
	比高	m	三次メッシュ内の比高値
	等高線積算距離	km	三次メッシュ内の等高線積算距離値
気 候	年平均気温	℃	三次メッシュ内の年平均気温値
	暖かさの指数	—	三次メッシュ内の暖かさの指数値
	寒さの指数	—	三次メッシュ内の寒さの指数値
	年降水量	mm	三次メッシュ内の年降水量値
	年最深積雪深	cm	三次メッシュ内の年最深積雪深値
植生土地利用	広葉樹＋マツ林面積占有率	%	三次メッシュ内の広葉樹＋マツ林面積占有率値
	スギ・ヒノキ植林面積占有率	%	三次メッシュ内のスギ・ヒノキ植林面積占有率値
	オープンエリア面積占有率	%	三次メッシュ内の草地・農地・伐採跡地面積占有率値
人為改変	人為改変地面積占有率	%	三次メッシュ内の人為改変地面積占有率値
	道路延長	m	三次メッシュ内の道路総延長値
空間配置	林縁長	m	森林と草地・農地・伐採跡地との境界長値

為改変，空間配置の5つの因子が，合計15個の環境指標に細分して用いられた（表8.2）.

クマタカの年間を通しての行動圏面積は13〜25 km² であるという報告を参考に，目撃当該メッシュのみを用いるモデル，目撃メッシュを中心とした周囲3×3メッシュを目撃ありとみなすモデル，同じく5×5メッシュを用いるモデルの3種類が設定され，正しい判別率がもっとも高かった5×5メッシュモデルが採用された．各環境指標を独立変数としたステップワイズ変数選択法によるロジスティック回帰分析（logistic regression analysis）を行うことで，クマタカの潜在的生息地推定モデルが構築され，モデルは次の式で表された.

$$\log \frac{p}{1-p} = -12.7853 + 0.0018X_1 + 0.0987X_2 + 0.1071X_3$$
$$+ 0.0879X_4 + 0.0851X_5 + 0.0001X_6$$

X_1：平均標高，X_2：平均傾斜角，X_3：広葉樹＋マツ混交林面積占有率，
X_4：スギ・ヒノキ植林面積占有率，X_5：オープンエリア面積占有率，X_6：林縁長

この式は，広葉樹＋マツ混交林面積占有率，平均傾斜角，スギ・ヒノキ植林面積占有率，オープンエリア面積占有率，平均標高，林縁長の順でクマタカの

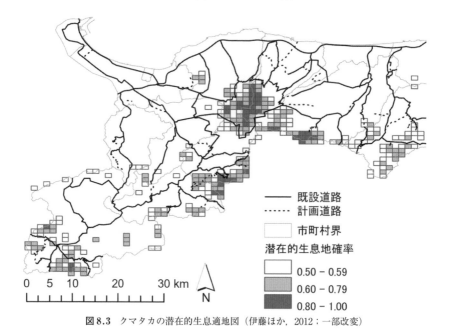

図8.3　クマタカの潜在的生息適地図（伊藤ほか，2012；一部改変）

目撃の有無との関係が強く，クマタカが広葉樹＋マツ混交林面積が多く，傾斜が急な地域を特に選好する傾向があることが示唆された．構築したモデルに各環境指標の値を投入することでクマタカの潜在的生息適地確率を三次メッシュごとに算出し，クマタカの潜在的生息適地図として地図化した．この潜在的生息適地図では，値が1に近づくほどクマタカの潜在的生息適地である確率が高いことを示す．

　猛禽類の保護にあたっては，これまで各事業の環境影響評価（アセスメント）などで，営巣地や行動圏を把握してそれらを回避するなどの措置がとられてきた．しかし，長期的な保護のためには，潜在的生息適地を地図化して，計画段階の環境アセスメントなどで対応することが，より有効であると考えられる．図8.3は，クマタカの潜在的生息適地図と道路計画路線を重ねたもので，潜在的生息適地図を用いた早い段階での対策検討が可能になる．

　特定の種の生息適地図は，従来，上記の例のように対象種の在・不在の分布データと生息に影響を与えそうな諸環境要因の分布図を重ね合わせ解析するこ

とで作成されてきた. しかし, 目的変数となる対象種の分布に関するデータの取得には膨大な努力量の現地調査が必要であり, また,「在」と比較して「不在」であることを面的に確認するのは容易ではない. そこで, この問題を解決するために考案されたのが,「在」データだけから潜在的生息地を推定する最大エントロピーモデル (maximum entropy modeling：Maxent) である. このモデルでは, まず, 調査対象地全域における対象種の生息確率は, 何も情報がなければ同確率の一様分布となる, と考える. しかし, 対象種が存在する情報を用いることで, 求める確率分布の期待値は, 対象種が存在する場所の平均値となる. すなわち, 対象種が確認された環境と似た場所で, 徐々に生息確率が高くなるような確率分布が求められる.

ロジスティック回帰分析や最大エントロピーモデルなどの中には, パッケージソフトなどとして有償・無償で提供されているものもある. そのため近年は, 対象種のある程度の量の分布情報と説明変数となりうる環境情報 (地形図, 植生図, 道路地図など) から, ある程度の精度で, 生息適地図を作成することが可能となっている. しかし, 生息適地図の作成技術は, 実際の分布データとの突合せによって精度の検証や向上を図っていく必要がある.

8.2.3 生態系の潜在的成立可能性評価

生態系は, それに適した立地ポテンシャルがある場合に成立が可能になる. そのため, 必要な環境条件を地図化できれば, それを用いて生態系成立の潜在的可能性を導くことができる. 生態系成立可能性評価の代表例として潜在自然植生 (potential natural vegetation) の推定がある. 潜在自然植生は, その土地に加わる人為がないと仮定した場合に成立しうる, 最も発達した自然植生と定義される. 潜在自然植生を推定する際, 日本全体のような広域では気候のみが用いられるが, 対象地のスケールが小さくなる (狭くなる) ほど, 地形, 土壌, 水環境など, より多くの環境要因が評価に用いられるようになる. 潜在自然植生を含めた, 生態系成立の潜在的可能性もこれと同様である.

次に, 西南日本の小規模な湿原を例にして, 局所的な生態系の潜在的成立可能性の評価方法について述べる. 湿原は, ①貧栄養な水質, ②高い地下水位, ③豊富な日射量の3条件がそろった場合に成立する. 湿原の成立可能性を評価

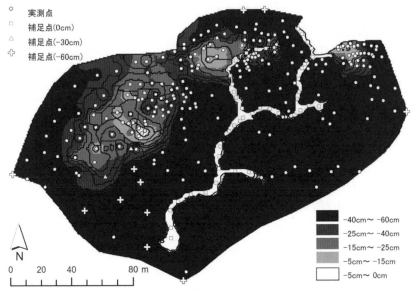

図 8.4　小規模湿原の地下水位図（山田・日置，2018；一部改変）

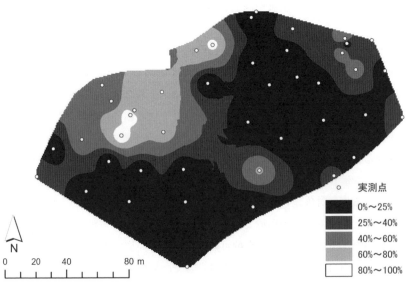

図 8.5　小規模湿原の相対積算日射量図（山田・日置，2018；一部改変）

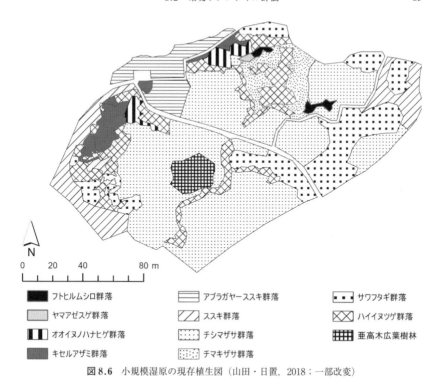

■ フトヒルムシロ群落	▤ アブラガヤーススキ群落	⋯ サワフタギ群落
▨ ヤマアゼスゲ群落	▨ ススキ群落	▨ ハイイヌツゲ群落
▮ オオイヌノハナヒゲ群落	⋮ チシマザサ群落	▦ 亜高木広葉樹林
▨ キセルアザミ群落	⋮ チマキザサ群落	

図 8.6 小規模湿原の現存植生図（山田・日置，2018；一部改変）

するには，上記の3条件を面的に地図化する必要がある．ここであげる事例では，評価対象地全域で水質が貧栄養であったため，残りの2条件（地下水位，日射量）が，多点測定にもとづいて図化された（図8.4，図8.5）．対象面積が小さい場合には，この事例のように全域での調査にもとづく図化が可能である．地下水位は地表面から25 cm（以浅），日射量は相対値50%（以上）が，湿原成立の閾値である．

　評価の時点で成立していた植生の配分を図8.6に示す．水質，地下水位，日射量の3条件が満たされている場所では，すでに湿原植生が成立している．地下水位と日射量では，地下水位を上げるほうが難しいためより重要な条件となる．地下水位は閾値より高いが，日射量が不十分な場所は，上層の植生に日光が遮られているので，植生管理によって湿原成立の条件を満たすことができる．

植生図を見ると，そうした場所にはハイイヌツゲ群落が成立しており，ハイイヌツゲを除伐することで，地下水位が高く日射量が豊富な環境を比較的容易につくることができることがわかる．地下水位が閾値より低い場所では主にササ群落が成立している．そこではササを刈り取っただけでは湿原が成立する立地環境にはならない．環境ポテンシャルを評価することで，このように湿原再生を行える場所を特定したり，効率的な再生方法を提示したりすることができる．

〔日置佳之〕

文　献

日置佳之（2000）ランドスケープ研究，**64**(2)，138-141.

伊藤史彦・長澤良太・日置佳之（2012）景観生態学，**17**(1)，1-17.

MacArthur, R. H. and Wilson, E. O.（1967）*The theory of island biogeography*, Princeton University Press.

徳江義宏・大澤啓志・今村史子（2011）日本緑化工学会誌，**37**(1)，203-206.

山田諒・日置佳之（2018）景観生態学，**23**(1 & 2)，1-16.

第9章
システムの計画・設計・施工

　生態工学で扱うシステムには，自然のシステムである生態系（ecosystem）と人工のシステムである人工系（man-made system）の2つがある．生態工学は，この両者の間の調整を図る技術であり，生態工学におけるシステムの計画と設計は，調整を具体化するための手順と位置づけることができる．

9.1　生態系と人工系

　生態系は，大気・水・土壌などの無機的要素と，多くの種類の生物からなる生物的要素が，互いに複雑な機能的関係のシステムをもちながら，構造としてのまとまりをもった集合体である．一方，人工系は人間がなんらかの意図のもとにつくり出した材料とそれをもとに構成された構造物や生成物などの総体である．この2つのシステムは，それぞれ表9.1のような特徴を有している．

表 9.1　生態系と人工系の特徴

	生態系	人工系
基本的特徴	・生きものの種が多いほど自己修復機能が働き，システムは安定している． ・一般的に種構成や構造は変化し，安定化に向かう． ・一般的に再現性が低い．	・要素の数が少ないほど，安定する． ・一般的に構造は変化せず，材料の劣化や構造の破壊が起きることがある． ・一般的に再現性がある．
構成要素	・生物的要素や無機的要素などにより構成される．	・既知の材料や，構造物，生成物などにより構成される．
構　造	・地域の環境，人為的なインパクトに影響され自己形成される．	・技術にもとづき人為的に形成される．

9.2　生態工学の対象

　生態工学は，生態系と人工系の関係を調整することを目的とするため，両者が接する空間が主な対象となる．生態工学の対象空間には大きく，都市・農村・自然地域があり，それぞれの空間特性と課題（表9.2）に対応する必要がある．

　都市は，交通施設や住宅・商業施設・工場などの人工系が集積した空間である．その内部には公園緑地や保全された緑地が多く存在する．また，都市の周辺部には，里山などの半自然生態系や，ときには自然生態系が存在する．都市には，人工系と生態系が混在しており，生態工学の対象となる空間が多い．

　農村は，農地や二次林，人工林などの半自然生態系が優占している．農地では，圃場や水路などの整備や，肥料や除草剤などによる水質悪化により魚類や両生類などの生きものの生息環境の質が低下している．二次林や人工林では管理不足（アンダーユース，underuse）により，草本類の種の減少など，生物多様性の低下が生じている．これらを解決することも生態工学の課題である．

　自然地域では，たとえば北アルプスのような高山帯では，人の踏みつけによって高山植生が衰退して裸地化し，水流によって洗掘と土壌流出が起こり，わずかな人為が生態系に大きな影響を与える．自然地域においては，人為的影響を最小化し，影響後の生態系の回復・復元を行うことも生態工学の課題である．

表9.2　生態工学の対象と課題

対象空間	空間特性	課題
都市地域	・公園緑地などの人為的に改変された比較的小規模の生態系が多く占めている．	・園芸種や外来種の逸出の可能性が高い． ・孤立した緑地が多く生態的連続性が乏しい．
農村地域	・農地や二次林，人工林などの比較的大規模な半自然生態系が優占している．	・生息環境としての質が低下している． ・管理不足（アンダーユース）により生物多様性が低下している．
自然地域	・自然植生などの自然生態系が優占している．	・わずかな人為が生態系に大きな影響を与える． ・自然の回復力が一般的に遅く，生態系の回復・復元が難しい．

9.3 システムの構築

　生態工学のシステムは，生態系と人工系を調整することを目的とした手段とプロセスの体系である．具体的には，調査を実施したあとに，分析・評価を行ったうえで，計画→設計→施工→管理という手段のプロセスで構築される．

9.3.1 調　査

　生態工学における調査は，未知の部分が多い生態系の要素，構造，機能を明らかにし，分析・評価の基礎的情報を得ることを目的に行う（詳細は第 5 章を参照）．生態系は，地域や場所ごとに異なるため，必ず個別に調査する必要がある．これに対して，人工系が生態系に与えるインパクトは，類似した場所における事例を，文献や資料で調査することによってある程度は把握することができる．

　調査項目には，生きものに関する項目と環境に関する項目がある．調査で得られた種の分布などに関するデータと，地形や土壌，水環境などの環境に関するデータは，生きものと環境の関係を分析する必要があることから，地理情報システム（geographic information system：GIS）などにより共通の位置情報を有して図化することが望ましい．生きものや地形・地質などの調査方法についてはすでに多くの図書が刊行されているため，それらを参考にすることができる．しかし，既存の方法が調査目的に合わない場合には，新たに調査方法を考案する必要がある．

9.3.2 分析・評価

　生態工学における分析・評価は，生態系と人工系を調整することを目的として，生態系に対する人工系のインパクトの程度を明らかにするために行う（詳細は第 6 章および第 8 章を参照）．

　人工系のインパクトには自然環境の減少，人工構造物の設置による影響，生物の意図的および非意図的導入，化学物質や放射線物質の影響などがあり，これらのインパクトによって様々な負の影響がもたらされる（表 9.3）．

表9.3 人工系のインパクト要因とその結果

人工系のインパクト要因	インパクトの結果
自然環境の減少	生息地の消失 生息地の分断化 エッジ効果・内部種の減少
人工構造物の設置による影響	ロードキル 移動障害 光害
人為的な生物の導入および非意図的導入	侵略的外来種の増加 在来種の減少
化学物質や放射線物質の影響	生物濃縮 放射性物質の蓄積

　評価では，動植物の評価（自然性，固有性，希少性，分布限界性，立地特異性，脆弱性など，第5章参照），インパクトの評価（第6章参照）・環境ポテンシャルの評価（第8章参照）などを行う.

　評価手法としては，ギャップ分析（gap analysis）やモデル（model），シナリオ分析（scenario analysis）の作成が行われる.

　ギャップ分析は，生物の種，植生，生態系などの実際の分析と，それが保護されている状況との乖離を検出し，これを保護計画に活かすための手法である.

　モデルの作成は，生息地や生態系の特徴をとらえるうえで有効である. 生きものの生息環境の分析では，一般に，主体となる種が目的変数，その環境である植生，地形などが説明変数とされ，種や種群の生息の適性が評価される.

　シナリオ分析は，計画の将来的な効果を予測し，複数の案を比較する手法である. 分析に用いられるシナリオは，地形の変化や植生遷移のように自然的な要因で描かれるものと，開発とその規制のように社会的な要因で描かれるものがある.

9.3.3　計　画

　生態工学における計画（plan）とは，生態系と人工系のよりよい関係を調整するために目標を明らかにしたうえで，目標を実現化するための生態系の質，大きさ，配置などを設定し，実現に向けた方針，空間配置，保全・再生措置，

手続き，工程などの手順を明らかにすることである.

a. 目標の設定

目標の設定は，生態系の保全が主な目的である計画の場合，調査結果にもとづいた動植物の評価結果から，自然性，固有性，希少性，分布限界性，立地特異性，脆弱性などの観点からの保全対象種を定める．また，植物の生活史が一連で成立する生育環境や，動物の繁殖，採餌，休息地として持続的に機能する生息環境を目標とする方法がある．生態系の修復・復元・創出が主な目的である計画では，近隣の自然環境がある程度保たれている場所を調査し，目標を設定する方法や，環境ポテンシャルの評価にもとづいて潜在的に成立可能な生態系の中から目標設定する方法がある．

目標の設定にあたっては，二次林や極相林のような生態系の質，大きさ，配置の空間的目標を設定することに加えて，それらの空間の目標とする成立時期やプロセス，自然撹乱や管理などの時間軸の目標を設定することが大切である.

b. 計画の内容

生態工学における計画は，地域レベルの計画，事業レベルの計画に大別される．地域レベルの計画では，一般的に土地利用の調整により生態系と人工系の平面的空間を分節することで，生態系への人工系の負のインパクトの影響の回避・低減が試みられる．また，生育・生息地の外縁部からのエッジ効果（edge effect）の抑制や，新たな生育・生息環境を回廊として形成し，既存の生態系と連続させる生態系ネットワーク（ecological network）の計画などが行われる．

地域レベルの具体的な計画には，保護地区として指定される自然公園における地種区分を伴う公園計画や，行政単位ごとに策定する生物多様性地域戦略などの地域計画があり，一般的には1/10,000〜50,000程度の小縮尺で計画される．具体的には，ゾーニング（zoning）を行い，生態系の保全を目的として，生態系の核心地域（コアエリア，core area）をとりかこんで，保護地域外からの影響を緩和するための緩衝地帯（バッファーエリア，buffer zone）を配置するなどの空間配置の計画技術が求められる（図9.1）.

地域レベルの計画では，対象地が広域にわたり，生態系と人工系を包括的に対象とすることから，生態系の保護・保全と生活や農林漁業などの生業との調整を図ることやステークホルダー（stakeholder）との合意形成（consensus

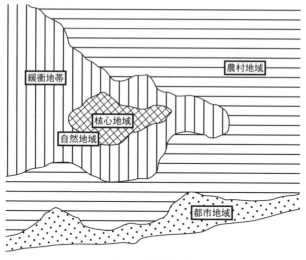

図 9.1 空間配置の例

building）や法制度の活用と運用が特に重要である．

　事業レベルの計画では，事業区域内のゾーニング，施設配置や施設整備内容の調整により，生態系への人工系のインパクトを回避・低減したうえで，生態系と人工系の機能の調和が試みられる．また，事業区域が一般的に明確となっているが，事業区域内と区域外の生態系との生態系ネットワークを計画することが重要である．事業レベルの具体的な計画には，土地区画整理事業や道路事業における自然環境の保全計画や，ビオトープなどの緑地計画などがあり，一般的には1/100～5,000 程度の大縮尺で計画される．

　事業レベルの計画の具体例として，施設構造物を重要な生息環境エリアから回避した配置計画を立案することや，土留めを目的とした擁壁や護岸などの土木構造物を，生息環境に適した（かご状構造物の内部に砕石などを中詰めした）じゃかご（図9.3参照）などの多孔質構造物とする方針を計画に示すことがある．

　これらの計画段階では，複数の計画案が比較・検討され，案の妥当性を評価したうえで最終案を決定するプロセスを経ることが一般的である．土木分野の道路整備においては，事前にルートを比較検討する概略設計（基本計画）が行われることがあり，その後に最終案が決定される．また，設計段階において生

態的機能，構造的機能が具体的に確保されるように，施設整備の配置や構造などの整備方針や整備上の課題，整備プロセス，概算工事費を明らかにし，具体的な事業の実現化に向けて方法とプロセスを明らかにすることが重要である．

9.3.4 設 計

生態工学における設計（design）とは，生きものの生育・生息に適した環境を形成するために，施設などの配置，形態と構造，材料などを決定することである．

a. 配 置

保全対象種の生育・生息環境へのインパクトを回避するために，地形改変や施設整備を限定的にすることや，保全が求められるエリアに対して，歩道や車道の動線を回避することが重要である．地形改変を限定的にするためには，道路や園路の幅員を抑えることや，傾斜がゆるやかな立地を選定し，地形の等高線にそった動線とすることで切土と盛土の量を最小限に抑えることが重要である．

河川や細流の整備において撹乱を許容し，自然の営力を活かした水辺環境を形成するためには，自然の営力で（川などの水が陸地に入り込んでよどんだ場所である）わんどや淵，瀬，湿生植物が生育可能な堆積地が形成されるように，水域の横断の幅員を広く確保することが重要である（図9.2）．

また，生態系ネットワークの形成を図り，種の供給ポテンシャルを高めるためには，樹林や水域などを近隣の環境と連続的に形成したり，近接させて配置

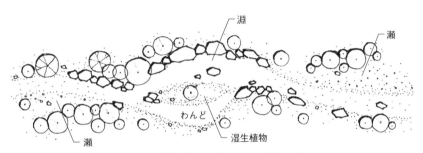

図9.2 自然の営力を活かした水辺環境の例

することで，動植物の自然侵入を促進させることが期待される.

　立地ポテンシャルにもとづき，潜在的に成立可能な生態系を復元する例として，供給水が十分にあり，地下水位が高い立地における湿地の復元・創出があげられる.

b. 形態と構造

　人工系の形態や構造によって生態系へのインパクトが異なり，また，生きものは，種ごとに利用する空間の構造が異なることから，生態系や対象種の生活史に即した形態と構造にすることが求められる. 人工系の影響によるエッジ効果を抑制するためには，既存樹林と改変地との境界部には光や風，侵略的外来種の侵入を抑止する緩衝植栽などを形成することが求められる.

　人工系のインパクトを抑制するためには，機械施工ではなく，人力施工が可能な構造を用いるなど，工事の影響を最小限にする工夫が求められる. 土留めや人止めなどの機能が求められる場合には，多孔質な自然素材を用いる在来の伝統的工法である野面石の空石積みや粗朶柵（図9.4参照）を用いることで，空隙などが動植物の生育・生息環境となり，自然景観との調和が期待される.

c. 材　料

　基盤材料としては，他地域からの生物学的侵入や遺伝的撹乱を防止するために，土壌動物や埋土種子が含まれる既存の表土を採取・保管し，撒き出しにより植栽基盤を形成することが重要である. 植栽基盤の黒土などの購入客土が必要な場合には，外来種の高茎草本類の種子などが混入している可能性があるため，調達先の状況に留意し，使用の可否を判断する必要がある.

　近隣に自然林などがあり，種の供給ポテンシャルが高い立地における法面緑化では，飛来した種子が定着しやすい基盤を設置し，緑化を行う自然侵入促進工（日本道路協会編，2009）を積極的に導入することが重要である.

　植物材料としては，現場や周辺地域で採取した在来種や生産履歴が明らかな地域性種苗を用いることが重要である. これは，もともとその場所に存在する生態系の組成に近い種の組み合わせを再現し，生物学的侵入や遺伝的撹乱を防止するためである. また，植物材料は，根鉢やポット内の土壌もあわせて移動することから，土壌中の埋土種子や土壌動物の移動による生物学的侵入や遺伝的撹乱を防止するため，現場や周辺地域の材料を指定することが重要である.

　事業敷地内において伐採などの影響を受ける植物に関しては，積極的な樹木移植や根株移植，マット移植などを優先的に行う必要がある．周辺地域からの材料調達は，市場性に乏しいことから，設計段階から調達可能な材料の把握，調達体制の確認や構築が求められる．

　木質系材料としては，生きものの隠れ家を提供する倒木や流木（八色，2013），繁殖環境となる枯木などがある．木質系材料は生きものの生息環境を創造するだけではなく，自然景観を構成する要素となるため，地域の材料を使用することが望ましい．その他に，落葉層の A_0 層や土壌の A 層などの材料があり，これらを撒き出すことで，土壌動物の定着，地域植生の再生が期待される．

　石材系材料としては，火山岩の安山岩や堆積岩の砂岩などの多孔質な石材があり，これらを用いることで，表面にコケ類が生育し，ゲンジボタルの産卵環境となることや，昆虫類の移動経路を確保することが期待される．また，モルタルを用いない空目地の石積みやがれ山とすることで，生きものの隠れ家を創出することが期待される．石材の使用にあたっては自然の主要な構成要素であることから，現場発生石や近傍で採取される石材を用いることが重要である．

d. 設計手法

　設計には，基本設計（予備設計）→実施設計→設計監理の段階がある．基本設計は施設などの平面形態や主要な施設の規模と構造を明らかにすることを目的に行い，実施設計は工事に必要な設計内容と概算工事費を明らかにすることを目的に行われる．設計監理は，設計の意図を造園施工に反映しつつ高い施工品質を獲得（日本造園学会編，2015）することを目的に行われる．生態工学における設計では，図面では表現しきれない生態的機能にかかわる高い施工品質が求められることから品質管理のための設計監理が必要である．

　設計の表現方法は，特記仕様書，平面図，詳細図に大別される．特記仕様書は，設計図では表現しきれない適用基準や施工条件，材料の性能仕様，各工種における留意点などの順守すべき指示事項が文章などにおいて示される．生態工学における特記仕様書としては，仮設工事における生きものへの配慮事項や，専門家の立会いの有無，試験施工の有無，モニタリング調査などの施工条件にかかわる内容を明記することが考えられる．平面図は，造成平面図，植栽平面図，施設平面図などが作成される．その他にも汚水排水平面図，電気給水設備

平面図などが作成される.

　造成の設計では，人工系の施設が既存樹木や水系，地形へ与える影響を抑えることが重要である．また，環境ポテンシャルを考慮し，目標とする環境に適した地形を保全・再生することも重要である．造成法面は，緑化可能な勾配を設定し，植物の基盤となる植生基盤の工法の設定が重要となる．水辺の造成においては，cm単位の微細な高低差によって土壌の湿潤環境が決定されることから，詳細な平面図や断面図により表現する必要がある.

　植栽の設計では，目標とする樹林などの構造をもとに，鳥類の採餌，営巣，休息環境にふさわしい植栽種の選定，高中木，低木，地被から構成される植生の階層構造と植栽密度を決定する必要がある．設計にあたっては，施工後の経年変化と管理を考慮した植栽とすることが求められる．たとえば，草刈りが必要となる苗木植栽や地被植栽を行う場合は，設計段階に管理計画を立案し，竣工後に管理が行われるように協議する必要がある.

　保全すべき植物があり，移植が必要な場合は，対象種の生態特性を考慮して代替生育地を選定し，移植設計を行う必要がある．代替生育地は枯死リスクを分散するために，複数個所に分散することが重要である.

　施設の設計では，じゃかご（図9.3）や粗朶柵（図9.4）などの土留や護岸施設，観察園路などの園路施設，細流などの水施設などの施設設計を行う．設計にあたっては，施設が生態系に影響を与えないように人工系と生態系の緩衝距

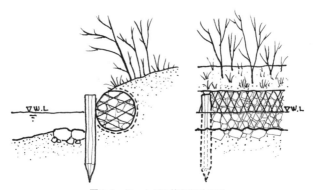

図9.3　じゃかごの施設設計の例

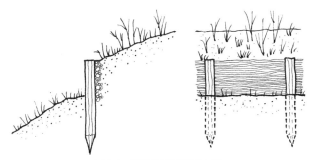

図 9.4 粗朶柵の施設設計の例

離を考慮する必要がある．また，竣工後の適切な利用誘導と生態系管理が可能
となるように，保護区への侵入を防ぐ人止施設や管理車両通路，管理用具を保
管するバックヤードの確保も重要である．

　詳細図の設計では，施設平面図と一体的に整合が図られた各施設の構造，素
材，配置，高さなどを決定する．たとえば水辺の観察デッキでは，水中の様子
を観察できるように，水面の高さとデッキの高低差を少なくすることが重要で
あり，この考え方にもとづき，施設の構造と高さを設計する．また，使用する
材料は，木材や石材などの自然素材を用いることや，構造は多孔質な粗朶柵な
どの在来の伝統工法を採用することが望ましい．

9.3.5　施　工

　生態工学における施工（construction）とは，設計にもとづいて工事工程を
組み立てて，実際に工事を行うことである．施工では，生態系の基盤となる地
形を造成し，材料調達を行い，生態系の構成要素である植物を植栽し，動物の
生息環境を創出する．

a. 施工計画の要点

　施工計画では，保全対象となる動植物が生息している場合，対象種の産卵な
どの繁殖への影響を回避するために，繁殖の時期に振動や騒音，光などの影響
を与えないような工事工程を作成することが重要である．

　生きものには，発生から成長，繁殖に至る生活史の段階がある．そのため，
植物の移植は適期に行うことが必要であり，また，動物の人為的な移動は種の

生活史に配慮して，できるだけ影響が少ない生活史の段階で実施する．たとえば，両生類の移動を人為的に行うには，卵塊の時期が最も安全で確実である．

　工事中に動物の生息環境が分断もしくは一時的に喪失される場合は，生きものの避難場所や経路，代替地を確保する．避難場所については，施工箇所から確実に移動できる回廊が確保されているか，避難先の環境が対象種の生息環境条件を満たしているか，などについて事前に確認しておかなければならない．

　複数年にわたる継続的な工事にあたっては，本格的な施工の前に試験施工を行い，モニタリングを行うことで施工を確実なものにすることが求められる．モニタリング結果を分析評価することで，施工方法の改良が可能となる．

b. 施工の留意点

　工事敷地内に保全が求められる既存樹林や湿地などがあり，施工段階においてこれらの環境に重機の立ち入りや作業員の立ち入りが考えられる場合は，重機や人に付着した外来種の種子や土壌内の動物が非意図的に導入されないように留意する必要がある．その場合，靴底の泥を落とすマットや洗い場の設置が必要である．また，繁殖地などへの工事車両の騒音や振動による影響を抑えるために低騒音・低振動型建設機械を採用する．

　夜間工事がある場合は，照明が生きものの活動や生理に影響を与えるため，光の漏れを抑えた照明配置や遮光機能をもった仮設ネットの導入が必要である．

　工事に伴って土砂混じりの汚濁水やコンクリート工事によって発生する pH の高い排水は水質を悪化させ，水生生物へ影響をもたらすため，沈殿池などにより浄化処理を行い，水環境の保全に努めなければならない．　　〔八色宏昌〕

文　献

日本造園学会編（2015）2015 年制定 造園工事総合示方書　技術解説編，経済調査会.
日本道路協会編（2009）道路土工―切土工・斜面安定工指針―（平成 21 年度版），丸善.
八色宏昌（2013）ランドスケープ研究，**76**(4), 385.

第10章
システムの管理と運営

10.1 システムとしての生態系のとらえ方

地球上には，森林生態系，草原生態系，湖沼生態系，河川生態系，水田生態系，都市生態系など，様々な種類や規模の生態系（ecosystem）が存在する．また原生的な自然から，人為のもとで成立する二次的自然まで，人とのかかわりにおいても多種多様な生態系をみることができる．それらが相互に関係し，広がりをもつ空間単位を景観（landscape）という．かつて，生態系は人為の影響がない自然の生態系をさすことが多かったが，現在では，人為の及ばない土地は地球上にほとんど存在しないため，生態系のシステムには，要素の1つとして「人」が含まれる．

10.2 植生のとらえ方

複雑な生態系をシステムとしてとらえることはたやすくない．そのため，生態工学では，システムの基盤となる一次生産者である植物を，群落または群集単位で扱うことが一般的である．わが国の全国的な植生環境の基礎的資料としては，環境省の自然環境保全基礎調査（別名，緑の国勢調査）があり，1970年代からこれまでに実施された計7回の調査結果が同省のウェブサイトで閲覧できる．このサイトでは，全国の植生について，群落または群集単位での情報が公開されており，これらは生態工学の保全や創出に関する計画を策定する際の基礎的資料として利用されている．植生学や植物社会学では，植生環境の概念を時間と自然度の2軸でとらえ，現在みられる植生を「現存植生」，人間の影響によって立地本来の自然植生が様々な人為植生に置き換わったものを「代償植

表10.1　植生自然度の区分基準（環境省）

植生 自然度	区分基準
10	高山ハイデ，風衝草原，自然草原等，自然植生のうち単層の植物社会を形成する地区
9	エゾマツ−トドマツ群集，ブナ群集等，自然植生のうち多層の植物社会を形成する地区
8	ブナ・ミズナラ再生林，シイ・カシ萌芽林等，代償植生であっても，特に自然植生に近い地区
7	クリ−ミズナラ群落，クヌギ−コナラ群落等，一般には二次林と呼ばれる代償植生地区
6	常緑針葉樹，落葉針葉樹，常緑広葉樹等の植林地
5	ササ群落，ススキ群落等の背丈の高い草原
4	シバ群落等の背丈の低い草原
3	果樹園，桑園，茶畑，苗圃等の樹園地
2	畑地，水田等の耕作地，緑の多い住宅地
1	市街地，造成地等の植生のほとんど存在しない地区

生」，また，人間の影響を一切排除したときに理論的に推定される植生を「潜在自然植生」とよぶ．

　自然環境保全基礎調査の中で，最も簡易な植生環境の指標として用いられているのが植生自然度（表10.1）である．植生自然度とは，土地の自然性が人間によってどの程度改変されているかを示す指数で，10段階で評価される．自然性が最も高い植生は高山や風衝地に成立する自然草原などで，これを植生自然度10とする．反対に，自然度が最も低く評価されるのは市街地などの植生がほとんどない地区で，これを植生自然度1とする．基本的には，植生自然度10の「自然草原」を除き，植生遷移系列上，最も遷移が進んだ状態である極相に近い植生ほど高い評価となる．植生自然度については，植林地（自然度6）の自然性が，在来二次草原（自然度4・5）よりも高いなどの短所もあるが，複雑な植生環境の概観を把握できる点や，専門的な知識がなくても理解しやすい点などが長所である．

10.3　植生の保全と管理の概念

　生態系や植生の保全と管理に関しては，保護や保存，保全，復元など，さまざまな概念があり，以下にまとめられる．

a. 厳正保護

厳正保護（strict protection）は，単に保護（protection）ともされ，対象となる景観や生態系から一切の人為を排除して厳正に保護するものである．一方，自然の営為による山火事や台風による風倒木などはそのまま放置して，生態系の変化の動的なプロセス（生態系プロセス）にまかせるものである．たとえば，米国のセコイア国立公園に分布する巨樹のジャイアントセコイアは野火による山火事によって種子の落下や発芽が進み，個体群の更新が促されるため，消火はされず，自然のプロセスにゆだねる管理が行われている．

b. 保　存

保存（preservation, reservation）は，対象が現在ある状態を維持するものであり，それを変えようとする人為的・自然的営力を排除するものである．天然記念物などの文化財の保存については，現状変更を認めない考え方を原則としている．現状を保存するために人為を加えることもある．国の天然記念物と国立公園に指定されている雲仙では，かつて放牧地として利用されてきたことにより，遷移途中相の植生であるミヤマキリシマの群落が成立していたが，放牧が停止されて遷移が進行したために群落が衰退したので，その後，草刈りなどの人為を加えて原状を保存するようにしている．

c. 保　全

保全（conservation）は，保護を含み，さらに生態的容量の範囲内において対象を持続的に利用し，よりよい状態にすることも含んでいる．二次林や二次草原などの半自然景観はそのような利用によって維持されてきた．しかし，1960年代までみられた薪炭林や採草地，放牧地としての利用は，ほとんど失われており，人と自然との関係性が変化することにより，半自然植生の保全は年々難しくなっている．前述した雲仙のミヤマキリシマの保存と同様の課題である．

d. 保全と保存の関係

原生性が重んじられる国立公園や国定公園の特別保護地区や天然記念物においても，高層湿原のミズゴケ群落に樹木が侵入・定着し，さらに遷移が進行することによって，以前あった自然環境が変質している地域もみられる．近年ではこのような保存すべき原生的な自然においても，資源をうまく利用しながら守る保全の考え方にもとづき，遷移の進行を抑制させるため，樹木を取り除く

植生管理が実施されている．このように，保存と保全は対立する概念ではなく，広義の保全の中に保存が組み込まれていると考えるべきである（吉田，2007）.

e. 復　元

　復元（restoration）は，破壊されたり，劣化した自然を元の状態に回復させていく概念であり，踏み荒らされた湿原植生を自然再生したり，導入された外来植物を駆除して在来植生の生物多様性を再生することなどがあてはまる．しかし，失われた生態系や植生をもとの状態に復元することは困難であり，さらに，構成種については地域個体群を遺伝子レベルまで考慮した復元が求められるが，実際にはたいへん難しい.

10.4　植生管理の技術的手法

10.4.1　植生管理の基本的な考え方

　生態工学における植生管理の目的は生態系や自然環境の保存や保全，復元であり，対象とする植生の自然性や人との関係性，また群落の構成種や優占種の種類や構造に応じた管理の基本的な考え方を検討する.

　自然植生を対象とした場合は，自然の植生遷移や更新にゆだねるのが植生管理の基本的な考え方となる．しかし，前述した高層湿原の植生管理のように，自然にゆだねるだけでは保存できない場合には，一時的に積極的な管理を行うことも必要になる．一方，二次的植生を対象とした場合は，目標となる植生に誘導するために，遷移の進行や退行をコントロールする目的での植生管理を実施することが基本的な考え方となる.

　植生管理は樹林と草原の場合に大別できる．それらに共通する技術的手法の基礎について以下に述べる.

10.4.2　樹林の植生管理

　生物多様性の保全を目的とした樹林の植生管理では，更新と林床管理が主な技術的手法である.

a. 更　新

　更新（regeneration）は，老齢化した樹林を伐採して若返らせたり，後継個

体となる実生の発芽や成長を促したり，樹林の構成種を変更させるためのものである．植生管理では人為的に更新を行うことにより，目的とする樹林を形成する．

樹林の更新には，同一の樹種に更新する場合と，異なった樹種に更新する場合がある．また，更新の方法としては，植栽によるものと，天然更新によるものがある．

同一の樹種に更新する場合に，スギやヒノキなどの林業用樹種は植栽を行うが，林業用樹種から異なった樹種に更新する場合には，天然更新によることが多い．天然更新には萌芽更新と天然下種更新がある．萌芽更新はクヌギ，コナラなどの広葉樹の雑木林で使われてきた方法であり，樹林の伐採後に根株からの萌芽によって更新するものである．

天然下種更新は，林内にすでにある埋土種子や近隣にある母樹からの散布種子が発芽・生育して更新するものである．森林の伐採後は，萌芽更新と天然下種更新が同時に生じるので，両者を区別する必要はない．

近年，生物多様性保全を目的とした自然林の復元・再生の取り組みが多く行われている．植林された人工林を伐採して自然林に復元する場合には，その可能性は第8章で述べられている環境ポテンシャルに依存している．特に，立地ポテンシャルと種の供給ポテンシャルが重要である．図10.1はカラマツ植林を伐採して，その後の自然林の復元状態をモニタリングしているものである．この場所は中部地方で標高が約1,000 m で冷温帯に属しており，地下水位が高いことから立地ポテンシャルはハルニレ林に推定された．また，種の供給ポテンシャルではカラマツを伐採する以前から林床にハルニレが前生稚樹としてあり，埋土種子や周囲から供給される種子がポテンシャルの要因になっている．伐採後15年を経過したこの場所では，ポテンシャルに応じて高木層にハルニレが優占し，林床にはサラシナショウマなどのハルニレ林に特有の湿性の種が生育している．

b. 林床管理

生態工学においては，次代の樹林の構成種を育成し，健全な更新を促すために林床管理は重要である．林床において次代の樹林の構成種が発芽・生育するためには，必要な光条件が担保されなければならない．そのため，樹林の上層

図 10.1　カラマツ植林を伐採したあとに成立したハルニレの自然林
（長野市飯綱高原，亀山章撮影）

木の間伐や林床で優占する競合種となるササ類の選択的刈払いが必要である．林床管理の手法である下刈り（下草刈り）は，稚樹の生育を妨げるために，遷移を停滞または退行させることが多い．下刈りを停止すると，林床植生の種組成や生活型から，その場所の遷移の進行の特徴がわかり，植生管理計画を策定するための基礎的な知見が得られる．

10.4.3　草原の植生管理

　草原は温暖で多雨な日本列島では自然植生としては高山や海岸などの風衝地や砂礫地にのみ成立する自然草原（natural grassland），刈り取りや火入れ，放牧によって管理，維持されてきた半自然草原（semi-natural grassland），イネ科外国産牧草を播種した牧草地などの人工草地（artificial grassland）がある．草原と草地は用語の使い分けが難しいが，特に利用目的が明確でない場合には前者，明確である際は後者を用いる．ここでは草原を用いた．

　自然草原は分布する箇所や面積が少なく，保存や保護の対象になるものも多い．植生管理の手法としては，植生が改変されないように人為を排除したり，破壊された植生の復元が行われる．

　一方，半自然草原は二次的植生であり，気候帯や人為圧力の強弱などで優占

する植物種や構成種に違いがあり，主にはイネ科多年生植物のススキやチガヤ，トダシバ，シバ，ヒゲノガリヤス，ネザサの群落型がある．暖温帯では放牧などの強い人為圧力下ではシバ型が成立するが，年1回程度の刈り取りのみの管理であれば，ススキ型となる．植生遷移の進行を停滞や退行させる手段として刈り取りや火入れ，放牧などが用いられ，草原が維持されているものであり，放置すると遷移が進行して低木林から樹林へと移行する．

　人工草地は家畜の飼料生産やレクリエーション利用するために，耕転，播種，採草などの管理で維持される．

　草原の植生管理の対象は，主に半自然草原であり，管理の技術的手法としては，刈り取りと火入れ，放牧が主なものである．

a. 刈り取り

　刈り取り（mowing, cutting）は，半自然草原の最も安全で確実な植生管理の手法である（図10.2）．刈り取りを実施する頻度や季節，群落高を変えることによって，植物や植生へ及ぼされる圧力をコントロールし，植生遷移を停滞，退行させる調整が可能となる．火入れや放牧とは異なり，人為的に十分な制御ができる管理技術であるために，精度の高い管理を行うのに適している．また，小面積の草地や利用者の多い草地を管理するのにも適した技術である．刈り取

図10.2　半自然草原の刈り取り作業の様子
（霧ヶ峰高原，筆者撮影）

図 10.3　火入れ後の半自然草原に咲くキスミレ
（阿蘇くじゅう国立公園，筆者撮影）

りは機械化することによって，作業能率を向上させることができる．しかし，
その反面では，画一的な刈り取りを規則的に繰り返すと，草地の多様性が火入
れや放牧よりも低くなるという欠点もある．

b. 火入れ

火入れ（burning）は晩秋から早春にかけて実施され，落ち葉や枯草を取り
除き，侵入した木本を焼失させ，優占種であるイネ科植物の芽吹きや分けつを
促し，また遷移を停滞，後退させて，草本群落として更新させる役割をもって
いる（図 10.3）．隣地を延焼しないための技術として，防火帯となる場所の刈
り取りを先にしておく輪地切りという技術などもあるが，火入れの技術はすで
に失われている地域が多く，作業も危険が伴うため，安全性を確保した用意周
到な準備が必要である．

c. 放　牧

かつては日本各地で畜産業や農耕用に家畜が飼われ，半自然草原の管理手法
としても放牧（grazing）は一般的であった．しかし畜産業の衰退や農業技術の
変化により放牧は現在では限られた地域にしか残っていない．

シバ草原では，家畜の管理が可能ならば，放牧は刈り取りよりも粗放的に管
理することができる．家畜の蹄で土壌を撹乱することで絶滅危惧種のオキナグ

サが個体群を維持することが可能であるとの報告があるなど，特徴のある半自然草原を保全するためには必要な管理技術である.

　放牧地として利用される半自然草原の減少は，家畜の排せつ物を利用する糞虫などの減少や絶滅の原因にもなっており，特にシバ型の半自然草原の生態系における生物多様性の低下が問題である.

10.4.4　競合種の抑制・駆除

　植生管理の考え方で必要なことは，種単位ではなく，群落単位での取り扱いを前提にすることである. はじめに保全の目標となる種や群落を設定し，それに対する競合種を想定することが重要である. 植生管理における刈り取りや除草，伐採の目的は，生態学的には，目標種に対する競合種を除去することである. 効果的な処理を行うためには，除去に最適な時期を知ることが重要である（図 10.4）. 一般に，多年生植物は，夏季に地下部のバイオマスのほとんどを地上部へ転流させるため，このタイミングで地上部を取り除けば，地下部のバイオマスも最小となり，再生が最も難しくなることが考えられる. 保全すべき目標種を競合種と同時に処理しなければならない場合は，競合種のみを選択的に

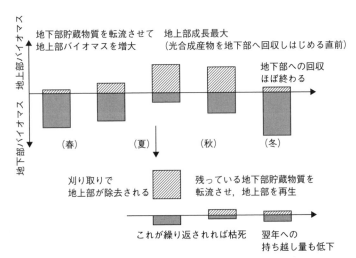

図 10.4 多年生植物の地上部と地下部バイオマスの季節動態と刈り取りの影響
（大窪，2001）

処理することや，目標種に対して影響の低い時期に処理を行うことが考えられる．保全すべき目標種の開花・結実の時期は，処理によって繁殖成功率が低下しないよう注意が必要である．特定の種だけではなく，群落全体で処理を実施しなければならない場合は，目標種への負の影響が最小限になるよう，時期を考慮する必要がある．逆に，外来種など除去したい競合種については，種子形成前の蕾や花の時期に繁殖体を取り除く必要があるため，このタイミングでの処理の実施が望ましい．

10.5　モニタリングと順応的管理

生態系は複雑なシステムであり，常に動的である．また開放系であり，不確実性を伴う対象であるため，当初の予測がはずれる事態が起こりうる．システムの管理においては，そのことをあらかじめ計画の中に組み入れ，常にモニタリングによって現状を把握しながら，結果に合わせて対応を変えるフィードバック管理，すなわち順応的管理（adaptive management）が必要である．

八ヶ岳中信高原国定公園の一部である霧ヶ峰の半自然草原では，採草場としての利用がなくなった結果，かつて行われていた刈り取りや，野焼きといわれる火入れ管理が実施されなくなり，低木林化が進行している．そこで，国定公園を管理する長野県が事務局となって 2007 年に霧ヶ峰自然環境保全協議会が発足した．この協議会では，2015 年から「保全（conservation）」の考え方に基づき，レンゲツツジやニッコウザサなどの木本植物の抑制管理や，特定外来生物のオオハンゴンソウの駆除などの植生管理を，草原再生事業として進めている（図 10.2 参照）．ここでは，専門家が担当するモニタリング（monitoring）によって群落の状況を把握しながら事業が行われており，年 1 回の報告会も実施されている．協議会のメンバーは，地権者である牧野組合をはじめ，ボランティア団体や行政機関など，多様な地域の関係者から構成されている．

草原再生事業は，市民ボランティアや関係者の協力で継続されてきた．しかし，草原を維持するための管理技術は失われつつあり，予算面や人員不足の点からも年々実施が難しくなっていることが課題である．こうした協議会の運営には，地域住民も含めてすべての関係者が対等な立場で参加できる組織が必要

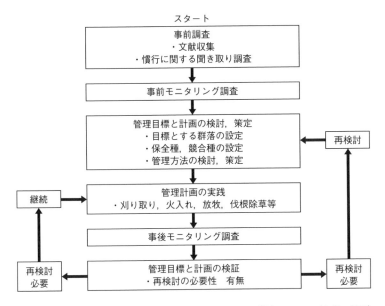

スタート

図 10.5 草原の保全を目的とした管理実践とモニタリング調査のフロー（大窪，2005）

である．協議会の事務局は，情報をメンバー間で共有し，科学的データにもとづいた議論が進められるように工夫することも重要である．

　図 10.5 は順応的管理の一例として，半自然草原の保全を目的とした管理の実践とモニタリング調査のフローを示したものである．半自然草原の刈り取り，火入れ，放牧などの管理方法は，すでに失われている場合が多いが，可能な限り昔からの慣行に関する聞き取り調査を実施し，地域の古老から少しでも知見を得ておくことが望ましい．次に，フローに基づき，事前のモニタリング調査を実施し，目標とする草原群落や保全種，競合種を設定し，実際に刈り取り管理などを行う．その後，事後のモニタリング調査を行い，当初目標とした内容と合致していたかどうかを検証し，フィードバックすることが重要である．目標と合致する場合は，そのまま同じフローで管理を継続する．しかし，目標と合致しなかった場合は，再度，管理目標と計画を検討し，新たな手法で管理を進める．その後，再び事後のモニタリング調査を行い，結果を管理のフローにフィードバックし，検証する． 〔大窪久美子〕

文　献

大窪久美子（2001）刈り取り等による半自然草原の維持管理，生態学からみた身近な植物群落の保護（財団法人日本自然保護協会編，大澤雅彦監修），講談社，p. 135.

大窪久美子（2005）草原のモニタリング調査方法，植物群落モニタリングのすすめ（財団法人日本自然保護協会編，大澤雅彦監修），文一総合出版，p. 244.

吉田正人（2007）保存と保全，自然保護その生態学と社会学（吉田正人著），地人書館，pp. 2-4.

ウェブサイト

環境省自然環境局生物多様性センター，自然環境保全基礎調査，環境省ホームページ（https://www.biodic.go.jp/kiso/vg/vg_kiso.html#mainText　2021 年 3 月 31 日確認）

第11章
生きものと人間の関係

　生態工学は，生きものとふれあい，共存する方法を築くための技術の体系であり，技術を構築する前提として，生きものに接する態度を整理しておく必要がある．生きものとふれあおうとするのは人間であり，給餌などで人間が誘わない限り，野生の生きものから人間に接触を求めることはない．そのため，生きものとのふれあいという言葉は，人間の側からの一方的なものであり，人間中心的な行為であることを認識しておく必要がある．

　生態工学は，人間生活と生きものの生活との関係を扱う分野であるが，生きものの生活の場を築くことと，生きものとの出会いの場を築くことは，次元の異なる課題である．前者は生きものの生存のためになされる行為であり，後者は人間の欲求を満たすことにより，暮らしを豊かにするものであり，人間のためになされる営みである．本章では，生きものとの出会いに関する技術について，野生環境での出会い方と展示環境での出会い方について述べる．

11.1　生きものと人間の距離

11.1.1　逃走距離，臨界距離，攻撃距離

　生きものに出会い，もう少し近くで眺めようと近づくと，生きものはしばらくはそのままでいるが，ある一定の距離になると逃げ出す．もちろん，植物は動かないので，ここで述べる生きものとは動物のことである．動物にとって，餌をとる採食行動と捕食者から逃走する行動は，生命を維持するうえできわめて重要である．動物は捕食者などの敵に出会い，敵が一定の距離に達すると逃げ出す．この距離を逃走距離（flight distance）とよぶ．これは異種の間における概念であり，同種の間にみられる個体距離（individual distance）やなわばり（territory）とは異なる．人間が動物に出会ったときにも，動物は同じ行動をと

るが，それは人間を敵に類する存在とみなしているからである．敵の接近によってもたらされた不安定な状態は，逃走距離以上の距離を確保することによって解消される．

　逃走距離と動物の身体の大きさには正の相関関係があり，身体が大きいほど逃走距離は大きい．カモシカの仲間のアンティロープの逃走距離は約450mであるが，ヤモリは約1.8mである（ホール，1970）．一定の距離内に侵入した捕食者に対する反応は，動物の性，年齢，敵の種類，環境によって異なっている．防御の方法としては，姿を見えにくくカモフラージュしたり，体を保護するトゲをたてたり，不快な臭いを発する行動などがみられる．こうした防御の方法がない動物では，逃走を誘発する距離は長くなる．目立ちやすい極彩色の魚はすぐに隠れ家に身を隠すのに対して，目立ちにくい保護色であったり，有毒性や武器を身につけた魚などには近い距離まで接近することができる．地面のくぼみに身をひそめるノウサギも，すぐそばまで近づくことができる（アイベスフェルト，1979）．

　野生動物の生存は逃走能力にかかっているが，逃走距離は個体の経験によっても変化する．動物園などで飼育された動物は，柵や堀などの際壁の存在によって人間からの安全が保たれることを学習しているために，逃走距離は大幅に減少されており，家畜ではほぼ解消されている．

　逃走距離を侵犯されて敵から逃れようとする動物は，逃げることのできない場所に追いつめられたり，追いつめられたと感じた瞬間に，種によって様々な臨界反応をみせる．さらに敵がこの距離をこえて侵入した場合には，動物の逃走反応は，突然，攻撃行動に転じる．この距離を攻撃距離（attack distance）といい，防衛的意味をもつことから防衛距離ともいう．山道で突然に出会ったクマが危険なことは，クマの攻撃距離の中に入ることと関係がある（八杉ほか編，1996）．一般に，逃走距離と攻撃距離の間の臨界反応を示す距離の部分の幅は狭く，この部分を臨界距離（critical distance），あるいは臨界距離帯とよぶ．サーカスの調教師はライオンの臨界距離を熟知しており，その距離はcm単位で測ることができるという．

　こうした異種間の動物が遭遇した際の距離関係は，スイスの動物心理学者であるヘディガー（Hediger，1963）によって1930年代に提唱された概念であり，

わが国ではホールの著書である『かくれた次元』（ホール，1970）に紹介されて
広く知られるようになった．

11.1.2　非干渉距離，警戒距離，回避距離，逃避距離

　野鳥観察の空間を計画するための基礎的データとして，野鳥と人間の距離関
係の測定を行った例がある（表 11.1）．それによると，野鳥と人間の距離関係
には，以下の 4 つがあるとされている（有田，1994；1996；1999）．

①**非干渉距離**：　鳥類が人間の姿を認めながらも，逃げたり警戒の姿勢をとること
　なく，採餌や休息を続けることができる距離．逃避行動の完了後にこうした行動
　を再開した場合も含められる．

②**警戒距離**：　それまで続けていた行動を中止して，人間のほうをみたり，警戒音
　をたてたり，尾羽を振るなどの行動をとる距離．人間の存在に対して警戒はする
　が，その場から移動する行動はとっていない状態である．

③**回避距離**：　人間が接近すると，数十 cm から数 m 歩いたり，軽く飛んだりして
　退き，人間との距離を維持しようとする距離．

④**逃避距離**：　人間の接近に対して，一気に長距離を飛び去るなどして，逃避をは
　じめる距離．

　これらは，人間と野鳥の距離関係を示したものであるが，ここにいう逃避距
離は，前項の逃走距離と同じである．生きものの生息空間やそれらに接する場
を計画する際には，これらの距離関係を知っておくことが必要になる．

表 11.1　鳥類の逃避・回避・警戒および非干渉距離（測定場所：小貝川）（有田，1994）

種	逃避距離（m）	回避距離（m）	警戒距離（m）	非干渉距離（m）
ダイサギ	95	102	109	188
カルガモ	82	106	110	111
イソシギ	34	44	53	77
キジバト	39	39	40	69
ヒバリ	15	20	25	42
ハクセキレイ	21	28	33	52
ツグミ	36	43	54	65

値は測定サンプルの中央値（メディアン）である．

11.2　生きものとの出会い方

11.2.1　野生環境での出会い方

　生きものとの接触は，知的好奇心や美しいものを見たいという意識を満たすものであり，なによりも生命観を育むものとして人間の精神生活にとって必要な行為である．しかし，その前提として，生きものの生活の妨げになることはしないという態度が求められる．前節で述べたように，生きものは人間を含む他の種との出会いを敵との遭遇とみなして逃避行動をする．生きものとの出会いを築くには，こうした反応に対して，敵ではないことを認識させる手法が必要になる．人間でもいきなり他人の家に入ることはしないように，それは生きものとの出会い方の作法である．

　生きものの生活は，人間が直接に出会う行動をしなくても，妨げられることがある．人間の放棄した食糧などが生きものの採食活動に変化を及ぼすことや，写真撮影のための生息地への踏込みが生息環境に影響を及ぼし，営巣地の放棄につながる場合などがその例である．これらの行為に対しては，生きものの生息環境に対する人為的影響についての情報を蓄積して，それにもとづいて，人間の側が自己規制するという態度が求められる．

　生きものとの出会いの機会を豊かにするための課題は，人間に対する生きものの逃走距離を縮めることである．生きものは危険が及ばないことがわかると，ある程度まで逃走距離を縮小する．逃走距離を縮める手法には，以下のものがある．

a. 生息地でのガイドツアー

　アフリカの野生動物保護区では，ガイドのもとに徒歩で生息地に入って観察するガイドツアーがある．

　ここでは，チンパンジーの生息地であり，ウガンダで最もその生息数が多いキバレ国立公園での事例について述べる．チンパンジーは人間に近いヒト科の大型類人猿であり，森の中で群れで生活をしている．

　ツアーは，訓練をうけ登録されたガイドから，野生動物であるチンパンジーを観察する態度や規則について注意事項を聞くことからはじまる．チンパンジ

ーに遭遇した際には，感染症防止の観点から8mの距離を保つことが義務づけられており，写真撮影の際のフラッシュ使用も厳禁されている．

　ツアーは2人のガイドによって行われ，1人のガイドが群れのα雄（群れの中で最も力をもつ雄）をみつけることからはじまり，群れをみつけると後発のガイドに連絡して，森の中の群れに遭遇するツアーがはじまる．トレッキングは2時間から3時間に及び，群れに遭遇すると滞留しての観察が行われる．そこでは野生の生息環境での多くの行動がみられ，森林の中で樹木の枝をゆらしながら，果実などの餌を探す行動や食餌行動の様子，群れの中の社会関係などを観察することができる．

　このツアーの体験では，動物に対する理解を深めることができるが，彼らの暮らしの場に入らせていただくという態度が求められる．

b. サファリカー

　見通しのきく開放的な景観であるアフリカのサバンナで発達した出会いの手法である．車はもともと，狩猟のための道具として利用されてきたが，近年では写真撮影を主としたツーリングでの観察の手段として効果的に利用されている．ヘディガー（Hediger, 1969）は，生息地に登場した車を野生動物がどのように認識するかについて，次のように説明している（図11.1）．

　原生自然にはじめて車が現れたとき，動物はこの存在をどのように認識していいかわからず，最初は奇妙なものがすべてそうであるように，やや否定的な意味をもつ存在としてとらえる．もし，ここから銃火が発せられたなら，明確

図 11.1 動物にとっての自動車の意味（Hediger, 1969）
保護地域では，危険な事故が起きる可能性を避けるために，自動車は害のない大きな生きものとして，動物にとっての環境の一部とみなされることが重要である．

図 11.2　フォトサファリの車と動物
（タンザニア，ンゴロンゴロ保護区，筆者撮影）
多くの車が 10 m 程の距離で，沼の中のカバを取り囲んでいる．

に敵と認識して，長大な逃走距離をとることになる．他方，シマウマの肉など
の餌を車の後ろにひきずり，ライオンをカメラの近くにおびき寄せ，写真撮影
のような敵対しない行動を最初にとったならば，車は食糧の調達者として，ラ
イオンにとって肯定的な意味をもつ存在となる．保護地では，車は移動手段と
して重要な存在であるので，動物にとって否定的でも肯定的でもなく，注意を
注ぐに値しない中立的な存在としてとらえられることが重要である．

　動物が中立的存在と認めると，動物は車に無関心になるため，逃走距離は縮
められる．サバンナを車で走ると，車と隔てる距離が種によって異なることか
ら，動物により様々な逃走距離のあることがわかる．

　サファリカーは，動物との出会いにとって便利な手段であるが，チーターな
どの人気のある動物に対しては，多くの車がその周囲を囲い，滞留時間も長く
なる傾向がある．逃走距離は縮小されているが，本来の野生の状態からは，著
しくかけ離れた環境が生み出されているといえよう（図 11.2）．

c. 観察壁

　人間の姿を隠すための遮蔽壁であり，双眼鏡などで観察するための小さな窓
が開けられている．水辺に集まる鳥類を観察するのによく用いられる．観察壁
（observation wall）は鳥類にとって，壁を境にそれ以上は人間が近づかないこ
とを学習したもので，壁の存在は見切り効果（parting effect）とよばれている

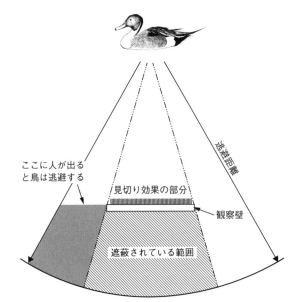

図 11.3 観察壁のもたらす見切り効果（有田, 1996；一部改変, 鳥 は筆者作画）

観察窓の大きさや利用者の多さなど，ブラインドに比べると，観察壁は遮蔽性が劣らざる をえない．しかし，鳥の側が，「ここから先は，人間が入ってこない」ことを学習し，観 察壁の位置に共存ラインを設定させているのが，観察壁の働きと考えることができる．

（有田, 1996）．観察する人間は，壁による見切り効果のおかげで，鳥類の逃走 距離内に立ち入ることが可能にされる（図 11.3）．観察壁を発展させた建築物 である観察小屋は，閉鎖性が高いために鳥類の観察だけではなく，見通しのき きにくい森林などで，哺乳類が近づくのを待つというような時間をかけた観察 にも用いられる．

11.2.2 展示環境での出会い方

　生きものとの出会いには，上述したように野生動物とその生息地で出会うこ ととともに，国立公園の展示施設や動物園での生きものとの出会い方がある． こうした展示施設での出会い方については，これまであまり関心が払われてこ なかった分野であるが，近年，大きな進展がみられている．

　動物は動く生きものであるため，飼育下で展示するには一定の空間に囲うことが不可欠となる．古典的な展示では，檻や柵で囲うことで展示され，その後，堀で隔てて見えやすくする取り組みが進められてきた．しかし，堀の底に動物を配することや，コンクリート擁壁に擬岩を施すだけで，動物の生息環境とはほど遠い展示が行われてきた．こうした流れに対して，1980年代に米国で，動物とその生息地保護のメッセージを具体化するために，動物をその生息環境とともに展示するという動きが登場した．その根幹は，出会い方が生きものに対する見方に影響を及ぼすという考え方である（Coe, 1985）．

　ここでは，生きものに出会う際の第一印象の重要性が指摘されている．最初の体験は，後にはじめの趣旨をくつがえす情報が与えられたとしても，その後の同様の体験の解釈に影響を及ぼす傾向がある．もし子どもが最初に見たゴリラが太い鉄格子の奥にコンクリートの上ですごしていたり，観客を威嚇しようとガラスを強打する巨大な動物と感じるようであれば，恐ろしい生きもののような印象が形成される．それは偏見となり，成人するまでゴリラの生息地保護の努力に対しては無関心になる．反対に，最初の体験が，野生でのように深々とした緑の樹林を背景に群れで暮らす姿であれば，その印象は生息地を保護するための動きに理解を示すための，大きな力となる．そのためには，動物は固有の美しさ，尊厳，価値が強調されるように，敬意をもって展示される必要がある，という考え方である．

　こうした考え方を具体化するうえで必要になるのが，この考え方を実現するための空間構成の原則である．その中で，最も重要なことは，動物を見下ろして観察するのを避けるという点である．たとえばこれまでのわが国のニホンザルの展示では，コンクリートの堀の中に擬岩を配したサル山が一般的であり，ここでは，観客は多くの場合，堀の底を動くサルを見下げて眺めることになる．サルは観客が投げた餌を得ようと右往左往することになるが，見下げは見下しの視線を生みだしていたといえる．

　野生動物を展示する際には，動物を観客の視線と同等，もしくはそれ以上の見上げの位置に配するという原則が重要である．これは観客が動物に対して出会う際に畏敬の念や固有の価値を抱きうる関係であるとともに，動物にとっても見下げられることによるストレスを回避するものであり，動物福祉の観点か

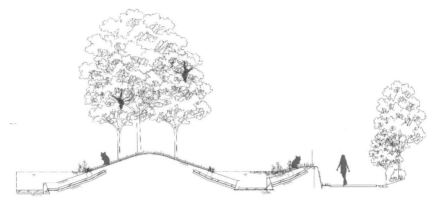

図11.4　視線高での生きものとの出会いの計画図（筆者計画立案）
生きものの位置は，観客と同じか見上げて観察することになる．生息地調査にもとづい
て，上方はクモザル，手前はカピバラの生息する水辺のランドスケープを創出している．
（宇部市ときわ動物園「中南米の水辺」エリア）

図11.5　「中南米の水辺」エリアの展示（宇部市ときわ動物園，
　　　　　筆者撮影）
図11.4の計画図にもとづいてつくられた．樹上をクモザルが渡り，水辺にはカピバラが
泳ぐ．

らも求められる位置関係である．観客と動物の空間上の位置関係は，それぞれ
の意識を規定している（図11.4，11.5）．

　このような展示は，動物との出会いを彼らの生息環境とともに見せるという
ことから，生息環境展示（habitat exhibit）とよばれている．生息環境には，観

図 11.6　出会いの効果を高めるアプローチの景観（宇部市とき
　　　　　わ動物園，筆者撮影）

アプローチの園路は曲線化して，視界を操作した環境で動物に出会うことが，審美的で感
動的な出会いにつながる.

図 11.7　生息環境を借景として活用したランドスケープの創
　　　　　出（飯田市動物園，筆者撮影）

生息地の南アルプスを借景として，岩場を見上げで眺める環境でカモシカに出会う.

客が出会う生息環境としてのランドスケープとともに，展示される動物の生息
環境を再現するという 2 つの側面がある.

　生息環境展示においては，実際に動物に出会うまでのアプローチの景観は重
要である. 期待感を増大させるとともに，利用動線から展示エリアを連続的に
見せることを避け，限定されたビューポイントから見せる手法が用いられる
（図 11.6）.

**図 11.8　本来の行動を発現させる生息環境の展示（宇部市とき
わ動物園，筆者撮影）**
生息地調査にもとづいて，樹木を取り入れた「アジアの森林」の展示での出会い．テナガ
ザルは活発に本来の腕渡りを行っている．

**図 11.9　樹林状の生息環境で出会うチンパンジー（よこはま動
物園ズーラシア，「チンパンジーの森」，筆者撮影）**
生息環境調査をもとにつくられた樹林の環境で，見上げで観察するチンパンジー．

　生息環境とともに出会ううえでの重要な点は，展示する動物の生息地に学ん
だ固有のランドスケープを創出することである．そのためには植物，岩石や起
伏を活用して，生息地の環境を再現することが重要になる（図 11.7）．
　動物との出会いには，動物がその生息環境で行うような行動を発現させるこ
とが必要で，遊動域を含めて行動を発揮する環境が求められる（図 11.8）．霊

長類などの森林性の動物では，樹木・擬木などからなる樹林状の環境が必要である．また，出会いの環境では，生息環境の創出とそこでの生きものの固有の美しさや価値を理解することができるように，審美性に配慮する必要がある（図 11.9）．

　野生動物の生息環境は，映える景の宝庫である．動物が植物やその土地に及ぼす生活痕は，奇観を生みだすことが多く，これらを生きものを理解するための展示のテーマとすることも可能である．自然界にはみられない直線を避け，視覚的な緩急をつけ，園路の曲線化で視界を操作することなどで，意図した景を映えさせることが可能になる．そうした審美的な生息環境での出会いの体験を通じて生きものに対する認識と尊厳をもった見方が育まれるといえよう．

〔若生謙二〕

文　献

有田一郎（1994）生態計画研究所年報，**2**，1-14.

有田一郎（1996）生態計画研究所年報，**4**，55-96.

有田一郎（1999）利用計画，エコパーク（亀山章・倉本宣編），ソフトサイエンス社，pp. 94-111.

Coe, J. C. (1985) *Zoo Biology*, **4**(2), 197-208.

アイベスフェルト，アイブル著，伊谷純一郎・美濃口坦訳（1979）比較行動学 2，みすず書房，pp. 378-379.

ホール，エドワード著，日高敏隆・佐藤信行訳（1970）かくれた次元，みすず書房.

Hediger, H. (1942) *Wildtiere in Gefangenschaft-Ein Grundriss der Tiergartenbiologie*, Benno Schwabe Verlag.

Hediger, H. (1963) *Mensch und Tier im Zoo*, Albert Muller Verlag.

Hediger, H. trans. by G. Vevers and W. Reade (1969) *Man and animal in the zoo*, Seymour Lawrence/Delacorte Press.

ヘディガー，ハイニ著，今泉吉晴・今泉みね子訳（1983）文明に囚われた動物たち―動物園のエソロジー―，思索社.

八杉龍一・小関治男・古谷雅樹・日高敏隆編（1996）岩波生物学辞典　第 4 版，岩波書店.

第12章
生態工学と人々の暮らし

12.1 使い手という存在

　本書の第1〜11章は，生態工学の技術を習得する学生や技術者に向けて書かれている．本章は，つくられたものの使い手（user）の側から生態工学を理解する方法を示すことを目的としている．

　近代的な市民社会における市民（citizen）という言葉を正確に定義することは難しい．本章では，市民を，主体的に政治や社会に参加し，なすべきことをなす者という意味で使用する．

　第1〜11章の中で，使い手にとって重要な概念を以下に示す．

　第1章では，生態工学に対する心構えを示している．心構えは使い手が生態工学を使いこなすために重要である．生きものの同定能力については技術者と使い手の差が小さく，使い手の中にも高度な能力をもっている市民が存在するので，市民と技術者が協働していることも多い．

　第2章では，重要な概念として生きものの未知性があげられる．未知性とは未だ知られていない，つまりこれまで明らかにされていない，ということであり，既知の知見では，範囲・量・精度においてまだ不十分であることに配慮することと理解してほしい．第3章は，生態系を理解する手引きになっており，第4章は具体的に生態系の見方を示している．第5章は，生態工学に関連する指標の求め方について示しているので，専門的な報告書を読むときの助けになる．

　第6章は，インパクトと反応の関係について明らかにしており，生きものを見るときのポイントを示している．第7章は，環境アセスメントを通して，人間の影響を緩和する方法について述べている．第8章は，生態工学の中心的な概念である環境ポテンシャルを紹介したもので，目標設定の際に重要である．

第 9 章は，建設工事の進め方の中で生態工学の仕事を明らかにしたもので，調査→分析・評価→計画→設計→施工→管理・運営の中で，市民が自らかかわっている段階を理解するために役に立つ．第 10 章では，生物を個別の種としてではなく群集としてみることと，長い年月にわたって行うことになる管理のあり方を理解することができる．第 11 章では，生きものと市民の距離や位置関係を考慮することで，生きものに対する見方が変わってくる．

市民は，これらを理解しながら，使い手として生態工学の成果を評価し，自らの必要性によっては技術者と協働することが求められる．

12.2　生態工学技術者にとっての市民

生態工学は現実の世界の問題を解決する応用学である．生態工学の技術者は社会のニーズに答えて仕事を行う．そのため，生態工学の技術を発揮する整備や管理の現場は広く考えれば市民によって提供されたものであり，生態工学の成果を使い手である市民にわかりやすく伝えることも生態工学の一部である．

生態工学が社会の中で支持を受けている状況を維持し拡大するためには，生態工学の実務を適切に実施するだけではなく，市民に正しく評価してもらうことが重要である．市民が生態工学を支持し活用することによって，生態工学は社会に定着し発展することができるからである．

生態工学が社会に支持されるためには，生態工学という学問領域を知ってもらうことと，生態工学の成果である具体的な整備や管理の成果を市民にわかりやすい形で説明することが求められる．前者は教科書・書籍・情報媒体を通じて行われ，後者は現場における自然解説や説明サインを通じて行われる．これらは，すべての生態工学にかかわる技術者の使命として常に心がけることが望まれる．

12.3　市民と生きものを結ぶ

12.3.1　科学を使いこなせる市民

科学を自分の道具として使いこなしている市民はそれほど多くないのが実情

である．生態工学は市民の身の周りでみることができ，市民が実際に活用することを通じて市民の科学に対する姿勢を変えていく力をもっている．市民は必ずしも基礎から実務にという順で生態工学を学ぶとは限らず，現実の課題にぶつかってそれを解決するために学ぶことも多い．そこで，本書では，章ごとに学べることも心掛けた．

　人と生きものには，生きものどうしの連帯感がある．樹木の伐採は反対されることが多い．せめて花を咲かせたあとの季節まで待ってやりたいと願ったり，樹木の後ろに樹木の霊がみえたりすることがある．雑木林が何度も伐採更新されてきたことに気づかずに伐採に反対したりする．人と生きものとの連帯感は市民活動の動機となることもあれば，科学的な理解の妨げになることもある．科学を使いこなす基本的な姿勢は現実を正しく把握し，それにもとづいて考えることである．生態工学では現場に出て現実から学ぶことが欠かせない．

12.3.2　市民科学

　市民が科学に参加もしくは参画する市民科学の手法は，市民が科学を使いこなす際に役立つ．

　市民科学 (citizen science) は，市民がなんらかの意味で科学にかかわることである．たとえば，オックスフォード英語辞典では，citizen science は「一般市民によって行われる科学的活動．しばしば職業科学者や研究機関との協働により，もしくはその指導の下で行われる」と定義されている．

　市民科学の内容は，市民の立場に立って，市民のかかえる問題を解決するものから，職業的な科学者の立場に立って，学問的な課題の解決のために多数の市民の協力を得てビッグデータを集めるものまで，多様である．

　市民科学は，市民が科学者と協働して，ビッグデータを集めるような場面で多く用いられている．表12.1は科学者の側からの研究のプロセスにおける市民の参加の程度にもとづいて市民科学を分類したものであり，市民の参加の程度によって貢献型から協働創生型までの5つに分類されている（小松ほか，2015）．

12.3.3　市民型順応的管理

　順応的管理は，第10章で述べられたとおり，不確実性を伴う対象を取り扱う

表 12.1　市民科学の市民参加モデル

○は市民が参加しているプロセスを，（○）は市民が時々参加するプロセスを示し，×は実施機関が行うプロセスを示す．

研究のプロセス	貢献型	協働型	協働創生型	依頼型	実践研究型
1. 問題の発見	×	×	○	○	○
2. 先行研究などの情報収集	×	×	○	○	×
3. 仮説の設定	×	×	○	○	×
4. データ収集法のデザイン	×	(○)	○	○	○
5. データの収集	○	○	○	○	○
6. サンプルの分析	×	○	○	○	×
7. データの解析	(○)	○	○	×	○
8. データの解釈	×	(○)	○	×	○
9. 結論の提示	×	(○)	○	×	○
10. 結果の公表	(○)	(○)	○	○	×
11. 結果の議論・さらなる問いの発見	×	×	○	×	×

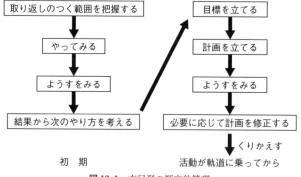

図 12.1　市民型の順応的管理

ための考え方とそのシステムであり，当初の予測がはずれる事態が起こりうることを，あらかじめ管理システムに組み込み，常にモニタリングを行いながらその結果に合わせて対応するフィードバックを必須とするものである．

　市民が順応的管理を行う際には，当初は経験がないので，目標植生を定めたり植生管理計画を立てたりすることが難しい．そこで，取り返しのつく範囲で「やって，みて，考える」，予測ができるようになったら，「計画，作業，モニタリング，計画を修正」という通常のプロセスを採用する（図12.1）．

　市民活動では，活動の対象となる植生などのモニタリングのほかに，活動の

主体である参加者がモニタリングを行い，順応的に対応することが必要である．
たとえば，英国の TCV（Trust for Conservation Volunteers）ではボランティ
アの参加動機のアンケートを継続的に実施している．

12.3.4　市民と生きものを結ぶ際の留意点

　生態工学にかかわる市民の活動形態と自立の程度は様々である．行政の主催
する活動のボランティアから，自立しているものの法人格のない市民団体，さ
らには NPO 法人などの法人格をもち専従の職員を雇用している団体などは成
り立ちも構造もミッションも異なっている．生態工学を推進していくためには，
多様な人たちの多様なかかわり方に応じて拡がりが期待できる．

　市民と生きものや生態工学を結ぶ役割をする人をコーディネーターとよぶ．
コーディネーターは，有給の職業である場合もあれば，無給だが専従に近い場
合もあるし，余暇で行われる場合もある．コーディネーターは，活動の目的を
見失うことなく，参加者の話をよく聞く姿勢が基本であるものの，キャラクタ
ーやセンスも重要である．コーディネーターは，物事が円滑に行われるように
全体の調整や進行を担当するだけではなく，活動の目的に向けてのかじ取りが
重要な役割である．さらに，生きものという意思表示ができない対象とかかわ
るので，物言わぬ生きものたちの状態変化から得られる発信を受け止めて対応
する必要がある．

　四季がはっきりしていて生きものが豊かなわが国では，歳時記にみられるよ
うに，人々は生きものを通して季節の移り変わりを楽しんできた．健全な生態
系の下で生きることは市民の権利であり，生態工学には市民の権利に貢献する
とともに，市民とともに歩み，市民に科学にもとづいて生きものにかかわる力
をつけることが求められている．　　　　　　　　　　　　　　　〔倉本　宣〕

文　献

小松直哉・小堀洋美・横田樹広（2015）景観生態学，**20**, 49-60.

参 考 図 書

　本書に関連して，章を横断する内容をもった参考図書を紹介する．著者からの情報を含めて，編者がまとめた．その分野を代表し時間が経過しても読む価値があれば，新刊書店では入手が難しい本も含めている．

1) 理　念

亀山章編（2002）生態工学，朝倉書店．

カーソン，レイチェル著，青樹簗一訳（1964）生と死の妙薬，新潮社（現在は『沈黙の春』として新潮文庫から刊行）．

ホール，エドワード著，日高敏隆・佐藤信行訳（1970）かくれた次元，みすず書房．

2) 全　般

亀山章監修，小林達明・倉本宣編（2006）生物多様性緑化ハンドブック―豊かな環境と生態系を保全・創出するための計画と技術―，地人書館．

亀山章監修，倉本宣編著（2019）絶滅危惧種の生態工学―生きものを絶滅から救う保全技術―，地人書館．

久保拓弥（2012）データ解析のための統計モデリング入門――般化線形モデル・階層ベイズモデル・MCMC―，岩波書店．

鷲谷いづみ・矢原徹一（1996）保全生態学入門―遺伝子から景観まで―，文一総合出版．

沼田眞編（2007）自然保護ハンドブック（新装版），朝倉書店．

日本緑化工学会編（2012）環境緑化の事典（普及版），朝倉書店．

鷲谷いづみ・宮下直・西廣淳・角谷拓編（2010）保全生態学の技法―調査・研究・実践マニュアル―，東京大学出版会．

3) 生態系・生態系サービス

Millennium Ecosystem Assessment 編，横浜国立大学 21 世紀 COE 翻訳委員会訳（2007）国連ミレニアムエコシステム評価―生態系サービスと人類の将来―，オーム社．

敷田麻実・湯本貴和・森重昌之・ドウノヨシノブ・愛甲哲也（2020）生物文化多様性，講談社．

4) 動物生態

金子弥生（2020）里山に暮らすアナグマたち―フィールドワーカーと野生動物―，東京大学出版会．

湊秋作（2018）ニホンヤマネ―野生動物の保全と環境教育―，東京大学出版会．

田村典子（2011）リスの生態学，東京大学出版会.

坪田敏男・山﨑晃司編（2011）日本のクマ―ヒグマとツキノワグマの生物学―，東京大学出版会.

山田文雄（2017）ウサギ学―隠れることと逃げることの生物学―，東京大学出版会.

石井実監修（2010）日本の昆虫の衰亡と保護，北隆館.

日本魚類学会自然保護委員会編（2016）淡水魚保全の挑戦―水辺のにぎわいを取り戻す理念と実践―（叢書・イクチオロギア），東海大学出版会.

5）植物生態

植物では，種ではなく群落の構成と機能および保全を中心に紹介する.

宮脇昭編（1977）日本の植生，学研.

小池孝良・北尾光俊・市栄智明・渡辺誠編（2020）木本植物の生理生態，共立出版.

大澤雅彦監修・（財）日本自然保護協会編（2001）生態学からみた身近な植物群落の保護，講談社.

大澤雅彦監修・（財）日本自然保護協会編（2005）植物群落モニタリングのすすめ―自然保護に活かす『植物群落レッドデータ・ブック』，文一総合出版.

佐々木雄大・小山明日香・小柳知代・古川拓哉・内田圭著，占部城太郎・日浦勉・辻和希編（2015）生態学フィールド調査法シリーズ3　植物群集の構造と多様性の解析，共立出版.

福島司編著（2017）図説日本の植生　第2版，朝倉書店.

小泉武栄（2018）地生態学からみた日本の植生，文一総合出版.

6）里山と植生管理

里山の概念の形成と里山を形成してきた植生管理について述べた図書を紹介する.

守山弘（1988）自然を守るとはどういうことか，農山漁村文化協会.

亀山章編（1998）雑木林の植生管理，ソフトサイエンス社.

重松敏則（1991）市民による里山の保全・管理，信山社サイテック.

武内和彦・鷲谷いづみ・恒川篤史編（2001）里山の環境学，東京大学出版会.

根本正之・山田晋・田淵誠也編（2020）在来野草による緑化ハンドブック―身近な自然の植生修復―，朝倉書店.

7）空間・土地利用

井手久登・武内和彦（1985）自然立地的土地利用計画，東京大学出版会.

長澤良太・原慶太郎・金子正美編（2007）自然環境解析のためのリモートセンシング・GISハンドブック，古今書院.

津村義彦・陶山佳久（2015）地図でわかる樹木の種苗移動ガイドライン，文一総合出版.

8) 計画・設計・施工・管理

生態工学において，現実に何かを造る際には，一連の手順を踏むことになる．現実の世界と本書をつなぐ図書を紹介する．

グリーンインフラ研究会・三菱 UFJ リサーチ＆コンサルティング・日経コンストラクション編（2017），決定版！　グリーンインフラ，日経 BP 社．

グリーンインフラ研究会・三菱 UFJ リサーチ＆コンサルティング・日経コンストラクション編（2020），実践版！　グリーンインフラ，日経 BP 社．

亀山章編（1997）エコロード―生き物にやさしい道づくり―，ソフトサイエンス社．

亀山章・倉本宣編（1998）エコパーク―生き物のいる公園づくり―，ソフトサイエンス社．

亀山章・倉本宣・日置佳之編（2013）自然再生の手引き，日本緑化センター．

宮下直・西廣淳編（2015）保全生態学の挑戦―空間と時間のとらえ方―，東京大学出版会．

森本幸裕編（2012）景観の生態史観―攪乱が再生する豊かな大地―，京都通信社．

森本幸裕・亀山章編（2001）ミティゲーション―自然環境の保全・復元技術―，ソフトサイエンス社．

森本幸裕・小林達明編著（2007）最新環境緑化工学，朝倉書店．

森本幸裕・白幡洋三郎編（2007）環境デザイン学―ランドスケープの保全と創造―，朝倉書店．

日本緑化センター編（2012）自然再生事例集 1，日本緑化センター．

応用生態工学会編（2019）河道内氾濫原の保全と再生，技報堂出版．

谷田一三・江崎保男・一柳英隆編著（2014）ダムと環境の科学Ⅲ　エコトーンと環境創出，京都大学学術出版会．

索　引

英和対照用語一覧

adaptive management　　順応的管理
adaptive radiation　　適応放散
alien species　　外来種
allogenic succession　　他発的遷移
Anthropocene　　人新世
attack distance　　攻撃距離
autogenic succession　　自発的遷移

barrier to movement　　移動阻害
basin　　流域
binary data　　在・不在データ
biocultural diversity　　生物文化多様性
biodiversity　　生物多様性
biodiversity hotspot　　生物多様性のホットスポット
biogeographic region　　生物地理区
biological concentration　　生物濃縮
biological disturbance　　生物的攪乱
biotope　　ビオトープ
buffer zone　　緩衝地帯
burning　　火入れ

canonical correspondence analysis（CCA）
　　正準対応分析
citizen　　市民
citizen science　　市民科学
classification　　分類
climax　　極相
climax forest　　極相林
community　　群集
consensus building　　合意形成
conservation　　保全
construction　　施工
consumer　　消費者

Convention on Biological Diversity（CBD）
　　生物多様性条約
coordinator　　コーディネーター
coppicing　　萌芽更新
critical distance　　臨界距離
cutting　　刈り取り

decomposer　　分解者
deoxyribonucleic acid（DNA）　　デオキシリボ核酸
detrended correspondence analysis（DCA）
　　除歪対応分析
disturbance　　攪乱
disturbance-dependent species　　攪乱依存種
diversity index　　多様度指数
dominant species　　優占種
drift　　浮動

eco-city　　生態都市
ecological engineering　　生態工学
ecological network　　生態系ネットワーク
ecological pyramid　　生態ピラミッド
ecological succession　　生態遷移
ecology　　生態学
ecosystem　　生態系
ecosystem-based disaster risk reduction（Eco-DRR）　　生態系を活用した減災・防災
ecosystem services　　生態系サービス
ecotone　　エコトーン
edge effect　　エッジ効果
endangered species　　絶滅危惧種
environmental impact assessment　　環境アセスメント，環境影響評価
environmental pollution　　環境汚染
environmental potential　　環境ポテンシャル

eutrophication　富栄養化

evenness　均等度

evolution　進化

experimental design　実験計画法

extinction vortex　絶滅の渦

fitness　適応度

flight distance　逃走距離

follow-up survey　事後調査

food chain　食物連鎖

food web　食物網

fossil fuel　化石燃料

functional type　機能群

gap analysis　ギャップ分析

generalized linear model（GLM）　一般化線形モデル

genetic disturbance　遺伝的攪乱

genetic pollution　遺伝子汚染

genome　ゲノム

geographic information system（GIS）　地理情報システム

grazing　放牧

habitat　ハビタット，生息地

habitat exhibit　生息環境展示

habitat fragmentation　生息地の分断化

habitat isoration　生息地の孤立化

habitat loss　生息地の消失

habitat suitability　生息適地

hydrotope　ヒドロトープ

impact　インパクト

individual distance　個体距離

Intergovernmental Panel on Climate Change（IPCC）　国連気候変動に関する政府間パネル

interior species　内部種

International Union for Conservation of Nature（IUCN）　国際自然保護連合

introgression　遺伝子浸透

invasive alien species　侵略的外来種

keystone species　キーストーン種

landcare　土壌の管理，土地の保全

landscape　景観

light pollution　光害

local control　局所管理

logistic regression analysis　ロジスティック回帰分析

man-made system　人工系

maximum entropy modeling（Maxent）87　最大エントロピーモデル

mitigation　ミティゲーション

model　モデル

monitoring　モニタリング

mowing　刈り取り

multiple comparison procedure　多重比較法

multivariate analysis　多変量解析

native species　在来種

natural disturbance　自然攪乱

natural grassland　自然草原

natural vegetation　自然植生

niche　生態的地位，ニッチ

no net loss　ノーネットロス

non-metric multidimensional scaling（NMDS）　非計量多次元尺度法

observation wall　観察壁

oceanic island　海洋島

ordination　序列化

organism　生きもの

parasitism　寄生

parting effect　見切り効果

patch　パッチ

phylogeny　系統

physiotope　フィジオトープ

plan　計画

pollinator　送粉

population　個体群

potential habitat map　潜在的生息適地図

potential natural vegetation　潜在自然植生

predator　捕食者

prehistoric-naturalized plants　史前帰化植物

preservation　保存

prey　被食者

principal component analysis（PCA）　主成分分析

producer　生産者

protection　保護

randomblock method　乱塊法

randomization　無作為化

recovery　回復力

red list　レッドリスト

redundancy　冗長性

redundancy analysis（RDA）　冗長分析

regeneration　更新

renewable energy　再生可能エネルギー

reorganization　再組織力

replication　反復

reservation　保存

resilience　レジリエンス

resistance　抵抗性

restoration　復元

road kill　ロードキル

sample survey　標本調査

scenario analysis　シナリオ分析

scoping　スコーピング

secondary vegetation　代償植生

semi-natural ecosystem　半自然生態系

semi-natural grassland　半自然草原

sink　シンク

site potential　立地ポテンシャル

socioecological production landscape　社会生態学的生産ランドスケープ

soil seed bank　埋土種子集団

source　ソース

source of species　種の供給源

species　種

species diversity　種多様性

species supply potential　種の供給ポテンシャル

split-plot design　分割法

stakeholder　ステークホルダー

strict protection　厳正保護

succession　遷移

succession potential　遷移のポテンシャル

symbiosis　共生

system　システム

territory　なわばり

The National Forum on BioDiversity　生物多様性フォーラム

threatened species　絶滅危惧種

trophic level　栄養段階

underuse　アンダーユース

urban ecosystem　都市生態系

user　使い手

vegetation　植生

vegetation succession　植生遷移

warmth index（WI）　温かさの指数，温量指数

watercare　水の管理，水系の保全

zoning　ゾーニング

監修者略歴

亀山　章 _{かめ　やま　あきら}

　　　　　東京都に生まれる
1968 年　東京大学農学部卒業
　　　　　東京農工大学教授等を経て
現　在　東京農工大学名誉教授
　　　　　（公財）日本自然保護協会理事長
　　　　　農学博士

編集者略歴

倉本　宣 _{くら　もと　のぼる}　　　　佐伯いく代 _{さ　えき　　　　よ}

　　　　　東京都に生まれる　　　　　　　　　愛知県に生まれる
1983 年　東京大学理学系研究科　　　　2006 年　東京農工大学大学院連合
　　　　　博士課程中退　　　　　　　　　　　　農学研究科博士課程修了
現　在　明治大学農学部教授　　　　　現　在　筑波大学生命環境系准教授
　　　　　博士（農学）　　　　　　　　　　　　博士（農学）

新版 生態工学　　　　　　　　　　定価はカバーに表示

2021 年 9 月 1 日　初版第 1 刷
2022 年 9 月 25 日　　　第 2 刷

監修者　亀　　山　　　　章
編集者　倉　　本　　　　宣
　　　　佐　伯　い　く　代
発行者　朝　倉　誠　造
発行所　株式会社　朝　倉　書　店
　　　　東京都新宿区新小川町 6-29
　　　　郵 便 番 号　　162-8707
　　　　電　話　03（3260）0141
　　　　F A X　03（3260）0180
　　　　https://www.asakura.co.jp

〈検印省略〉

教文堂・渡辺製本

© 2021 〈無断複写・転載を禁ず〉

ISBN 978-4-254-18060-2　C 3040　　　　Printed in Japan

前農工大 福嶋　司編

図説 日本の植生（第2版）

17163-1　C3045　　　B5判 196頁 本体4800円

生態と分布を軸に，日本の植生の全体像を平易に図説化。植物生態学の基礎を身につけるのに必携の書。〔内容〕日本の植生概観／日本の植生分布の特殊性／照葉樹林／マツ林／落葉広葉樹林／水田雑草群落／釧路湿原／島の多様性／季節風／他

東農大 上原　巌・森林総研 高山範理・
東北医薬大 住友和弘・森林風致計画研 清水裕子著

森林アメニティ学
―森と人の健康科学―

47052-9　C3061　　　B5判 180頁 本体3400円

森林環境の持つ保健，休養機能の効果を解説する森林アメニティ学についての教科書。〔内容〕森林アメニティ学とは／カウンセリングにおける効用／医療分野の事例／地域医療の事例／海外の事例／野外保育の事例／森林美学／評価尺度／他

日本造園学会・風景計画研究推進委員会監修

実践風景計画学
―読み取り・目標像・実施管理―

44029-4　C3061　　　B5判 164頁 本体3400円

人と環境の関係に基づく「風景」について，その対象の分析，計画の目標設定，手法，実施・管理の方法を解説。実際の事例も多数紹介。〔内容〕風景計画の理念／風景の把握と課題抽出／目標像の設定・共有・実現／持続的な風景／事例紹介

丸山利輔・三野　徹・冨田正彦・渡辺紹裕著

地域環境工学

44019-5　C3061　　　A5判 228頁 本体4000円

生活環境の整備や自然環境の保全などを新しい視点から解説する。〔内容〕地域環境工学とは／土地資源とその利用／水資源とその利用／生産環境整備／生活環境の整備／地域環境整備／地域環境と地球環境／(付)地域環境整備の歴史的展開と制度

前北大 丸谷知己編

砂　防　学

47053-6　C3061　　　A5判 256頁 本体4200円

気候変動により変化する自然災害の傾向や対策，技術，最近の情勢を解説。〔内容〕自然災害と人間社会／砂防学の役割／土砂移動と地表変動(地すべり，火山泥流，雪崩，他)／観測方法と解析方法／土砂災害(地震，台風，他)／砂防技術

熊本大 渡邉紹裕・京大 星野　敏　神戸大 清水夏樹編著
シリーズ〈地域環境工学〉

農村地域計画学

44503-9　C3311　　　A5判 224頁 本体3700円

農村を運営し発展させていくためには何を知る必要があるのか。日本の農村計画に関する標準的な知識体系を示し，「農村計画学」のスタンダードとなるテキスト。〔内容〕土地利用計画／環境保全／農業構造と農地の再編／生産基盤設備／他

前森林総研 鈴木和夫編著

森　林　保　護　学

47036-9　C3061　　　A5判 304頁 本体5200円

森林危害の因子の多くは生態的要因と密接にからむという観点から地球規模で解説した決定版。樹木医を目指す人たちの入門書としても最適。〔内容〕総説／生物の多様性の場としての森林／森林の活力と健全性／森林保護各論／森林の価値

農研機構 三輪哲久著
統計解析スタンダード

実験計画法と分散分析

12854-3　C3341　　　A5判 228頁 本体3600円

有効な研究開発に必須の手法である実験計画法を体系的に解説。現実的な例題，理論的な解説，解析の実行から構成。学習・実務の両面に役立つ決定版。〔内容〕実験計画法／実験の配置／一元(二元)配置実験／分割法実験／直交表実験／他

宮崎大 平田昌彦編著　宇田津徹朗・
河原　聡・榊原啓之著

生物・農学系のための統計学
―大学での基礎学修から研究論文まで―

12223-7　C3041　　　A5判 228頁 本体3600円

大学の講義での学修から，研究論文まで使える統計学テキスト。〔内容〕調査の方法／変数の種類・尺度／データ分布／確率分布／推定・検定／相関・単回帰／非正規変量／実験計画法／ノンパラメトリック手法／多変量解析／各種練習問題

東京都市大 田中　章著

ＨＥＰ入門（新装版）
―〈ハビタット評価手続き〉マニュアル―

18036-7　C3045　　　A5判 280頁 本体3800円

HEP(ヘップ)は，環境への影響を野生生物の視点から生物学的にわかりやすく定量評価できる世界で最も普及している方法〔内容〕概念とメカニズム／日本での適用対象／適用プロセス／米国におけるHEP誕生の背景／日本での展開と可能性／他

日大 瀬尾康久・前東大 岡本嗣男編	生産効率と環境調和という視点をもちつつ，コンピュータ制御などの先端技術も解説。〔内容〕緒論／エネルギーと動力システム／トラクタ／耕うんと整地／栽培／管理作業／収穫後調整加工施設／畜産機械と施設／農業機械のメカトロニクス
農 業 機 械 シ ス テ ム 学	
44020-1 C3061　　　A 5 判 216頁 本体4300円	
全国大学演習林協議会編	大学演習林で行われるフィールドサイエンスの実習，演習のための体系的な教科書。〔内容〕フィールド調査を始める前の情報収集／フィールド調査における調査方法の選択／フィールドサイエンスのためのデータ解析／森林生態圏管理／他
森 林 フ ィ ー ル ド サ イ エ ン ス	
47041-3 C3061　　　B 5 判 176頁 本体3800円	
前日大 木平勇吉編著	日本の森林を保全するのにはどうあるべきか，単なる実務マニュアルでなく，論理性と先見性を重視し，新しい観点から体系的に記述した教科書。〔内容〕森林計画学の構造／森林計画を構成するシステム／森林計画のための技術
森 林 計 画 学	
47034-5 C3061　　　A 5 判 240頁 本体4000円	
前森林総研 鈴木和夫編著	環境保全の立場からニーズが増している"樹木医"のための標準的教科書。〔内容〕森林・樹木の生い立ち／世界的樹木の流行病／樹木の形態と機能／樹木の生育環境／樹木医学の基礎（樹木の虫害，樹木の外科手術，他）／病害虫の管理とその保全
樹 木 医 学	
47028-4 C3061　　　A 5 判 336頁 本体6800円	

◈ 人と生態系のダイナミクス ◈

人と自然の関わり方の歴史と未来を解説。宮下直・西廣淳シリーズ編集

東大 宮下　直・東邦大 西廣　淳著	日本の自然・生態系と人との関わりを農地と草地から見る。歴史的な記述と将来的な課題解決の提言を含む，ナチュラリスト・実務家必携の一冊。〔内容〕日本の自然の成り立ちと変遷／農地生態系の特徴と機能／課題解決へのとりくみ
人と生態系の ダイナミクス1 農地・草地の歴史と未来	
18541-6 C3340　　　A 5 判 176頁 本体2700円	
東大 鈴木　牧・東大 齋藤暖生・環境研 西廣　淳・東大 宮下　直著	森林と人はどのように歩んできたか。生態系と社会の視点から森林の歴史と未来を探る。〔内容〕日本の森林のなりたちと人間活動／森の恵みと人々の営み／循環的な資源利用／現代の森をめぐる諸問題／人と森の生態系の未来／他
人と生態系の ダイナミクス2 森林の歴史と未来	
18542-3 C3340　　　A 5 判 192頁 本体3000円	
東大 飯田晶子・東大 曽我昌史・東大 土屋一彬著	都市の自然と人との関わりを，歴史・生態系・都市づくりの観点から総合的に見る。〔内容〕都市生態史／都市生態系の特徴／都市における人と自然との関わり合い／都市における自然の恵み／自然の恵みと生物多様性を活かした都市づくり
人と生態系の ダイナミクス3 都市生態系の歴史と未来	
18543-0 C3340　　　A 5 判 180頁 本体2900円	
水産研究・教育機構 堀　正和・海洋研究開発機構 山北剛久著	人と海洋生態系との関わりの歴史，生物多様性の特徴を踏まえ，現在の課題と将来への取り組みを解説する。〔内容〕日本の海の利用と変遷：本州を中心に／生物多様性の特徴／現状の課題／人と海辺の生態系の未来：課題解決への取り組み
人と生態系の ダイナミクス4 海の歴史と未来	
18544-7 C3340　　　A 5 判 176頁 本体2900円	
国立環境研 西廣　淳・滋賀県大 瀧健太郎・岐阜大 原田守啓・白梅短大 宮崎佑介・徳島大 河口洋一・東大 宮下　直著	河川と人の関わりの歴史と現在，課題解決を解説。生態系から治水・防災まで幅広い知識を提供する。〔内容〕生態系と生物多様性の特徴（魚類・植物・他）／河川と人の関係史（古代の治水と農地管理・湖沼の変化・他）／課題解決への取組み
人と生態系の ダイナミクス5 河川の歴史と未来	
18545-4 C3340　　　A 5 判 152頁 本体2700円	

高知大学農林海洋科学部 鈴木保志編

森 林 土 木 学 (第2版)

47058-1 C3061　　　A 5 判 200頁 本体3200円

学部生向け教科書。公務員・技術士試験に役立つ章末問題を掲載。〔内容〕森林路網の計画／林道の幾何構造／林道の測量設計の実際／林道の施工／森林路網の切土・盛土部の構造／作業道の開設技術／森林路網の路体維持／橋梁／林業用架線

東農大 上原　巌・森林総研 高山範理・
東北医薬大 住友和弘・森林風致計画研 清水裕子著

森 林 ア メ ニ テ ィ 学
―森と人の健康科学―

47052-9 C3061　　　B 5 判 180頁 本体3400円

森林環境の持つ保健，休養機能の効果を解説する森林アメニティ学についての教科書。〔内容〕森林アメニティ学とは／カウンセリングにおける効用／医療分野の事例／地域医療の事例／海外の事例／野外保育の事例／森林美学／評価尺度／他

前農工大 千賀裕太郎編

農 村 計 画 学

44027-0 C3061　　　A 5 判 208頁 本体3600円

農村地域の21世紀的価値を考え，保全や整備の基礎と方法を学ぶ「農村計画」の教科書。事例も豊富に収録。〔内容〕基礎（地域／計画／歴史）／構成（空間・環境・景観／社会・コミュニティ／経済／各国の農村計画）／ケーススタディ

千葉大学 犬伏和之・新潟県農業総研 白鳥　豊編

改訂 土 壌 学 概 論

43127-8 C3061　　　A 5 判 208頁 本体3600円

土壌学全般をコンパクトにまとめた初学者向けテキスト。〔内容〕土壌の生成／土壌調査・分類／物理性／化学性／生物性／物質循環／作物生育／水田／畑／草地／森林／里山と都市／化学物質／放射能／栄養塩／土壌劣化／歴史／土壌教育

東京農工大学農学部　森林・林業実務必携編集委員会編

森林・林業実務必携　(第2版)

47057-4 C3061　　　B 6 判 504頁 本体8000円

公務員試験の受験参考書，林業現場技術者の実務書として好評のテキストの改訂版。高度化・広範化した林業実務に必要な技術・知識を，基礎的な内容とともに拡充。〔内容〕森林生態／森林土壌／材木育種／育林／特用林産／森林保護／野生鳥獣管理／森林水文／山地防災と流域保全／測量／森林計測／生産システム／基盤整備／林業機械／林産業と木材流通／森林経営／森林法律／森林政策／森林風致／造園／木材の性質／加工／改質・塗装・接着／資源材料／保存／化学的利用

藤井英二郎・松崎　喬編集代表　上野　泰・大石武朗・中島　宏・大塚守康・小川陽一編

造 園 実 務 必 携

41038-9 C3061　　　四六判 532頁 本体8200円

現場技術者のための実用書：様々な対象・状況において，自然と人が共生する環境を美しく整備・保全・運用するための基本的な考え方と方法，既往技術の要点を解説。〔略目次〕基礎・実践・課題（多摩ニュータウンの実例）／計画／設計／エレメントディティール／施工／運営と経営／法規と組織，教育〔内容〕土地利用／まちづくり／公園／住宅地／農村／水辺／遺跡／学校／福祉施設／オフィス／園路／広場／舗装／植生／環境基本法／都市計画法／景観法／文化財保護法／他

東大 根本正之・東農大 山田　晋・すみれ研 田淵誠也編

在来野草による緑化ハンドブック
―身近な自然の植生修復―

42042-5 C3061　　　A 5 判 440頁 本体9800円

公園・緑地・里山などへ在来野草を導入・維持し，半自然植生を修復・創成するための実践的ハンドブック。在来野草約70種の生理生態データと栽培データを中心に，在来野草利用の注意点や緑化実践事例を示す。カラー口絵には種子と芽生えの貴重な写真を収載。読者対象は緑地の管理に携わる団体および市民，自治体職員，教員など。〔内容〕日本の半自然植生／草本群落造成の基礎／在来野草の生態的特性と栽培・導入法／事例紹介〔収録種〕アマナ，イチリンソウ，ミツバツチグリ他

上記価格（税別）は 2022 年 8 月現在